東大卒ママの 3分算数

子どもが挑戦
大人も楽しむ
文章題

木村美紀
Kimura Miki

さくら舎

はじめに

　算数を楽しみながら学びたい、小学校高学年の子どもたちへ。中学受験を考えていて、算数を得意にしたいご家庭へ。子どもに算数を教えて、子どもからすごいと思われたい親御さんへ。大人になった今、算数を学びなおしたいと前向きに考えている方へ。大人の趣味として、ゆっくり算数をたしなみたい方へ。学習に役立つものをお孫さんへプレゼントしたい祖父母の方々へ。いろいろな方々にお手に取っていただけたら嬉しいです。

　この本は、ひらめいたら３分以内に解けそうな算数のクイズ83問を集めた問題集です。算数のオモシロイところをピックアップし、「ちょっとやってみたくなるかも！」と心が躍る算数を目指して問題文を作りました。前半は解きやすい問題、後半はレベルアップした問題を多めにしています。

　３分にこだわった理由は、飽きずに集中して考え抜くのにぴったりな時間だからです。大人も子どもも思わず考えたくなる、考えれば解けそうで手を伸ばしたくなる、いつの間にか夢中になって頭を動かし続けていた、そんな没頭モードを味わえる醍醐味があります。電子レンジをチンして待っている間の３分間。好きな１曲を聴き終わるまでの３分間。寝る前のリラックスタイムの３分間。３分はあっという間のようで長いです。じっくり自分の頭で考え、ひらめきの面白さをぜひ味わってみてください。

　この本は、とっつきやすい算数を意識して、状況が身近でイメージ

しやすい文章題に絞りました。この背景には、どれも算数の定番の考え方がベースにあります。なるべく身近でわかりやすいシチュエーションに設定することで、算数の魅力が発揮されるよう心がけました。文章題にすれば、計算方法の意味も理解しやすくなります。例えば、分数のわり算はなぜ分母と分子をひっくり返してかけ算にするのか。ただ計算の仕方を覚えるよりも、理由を理解した方が、算数がぐんと面白くなります。家で私が我が子に算数を教えるときも、身近な状況に例えて計算の意味を伝えることを大切にしています。

　この本で取り上げているテーマは、数、計算、単位、数列、約数、倍数、割合、比、比例、組み合わせ、確率、約束記号、2進法、トポロジー、特殊算など、多岐にわたります。〇〇算と名が付くテーマは35問あります。中学受験にも対応した内容で、考えるコツを知っておくとパッと解ける算数も紹介しています。受験前に実力を試したいときや、引き出しを増やしたいときに役立ちます。大人の方も、頭をスッキリしたいときにおすすめです。数学の知識は使わずに、頭をやわらかくして解いてみてください。もつれた糸をほどくように「わかった！」と1つの答えにたどりつく達成感や、ひらめきが降ってくるみたいに「そうか！」とすっきり納得する爽快感を味わえたら、心が軽くなるかもしれません。悩みや雑念を抱えたマインドも、すっきりクリアにリセット！問題が解けたら思考もイージーモード！ぜひ算数を楽しみながら、スカッとした気分を味わいましょう。

木村　美紀

※本文はコピーして使用してください。

第1章
算数の基礎

第2章

楽しみながら学ぶ

第3章

発想力を育てる

第4章

柔軟な脳を育てる

第5章

高みを目指す

東大卒ママの3分算数

——子どもが挑戦　大人も楽しむ文章題

第1章

算数の基礎

分数の足し算・引き算

ホールケーキをもらい、1日目は全体の $\frac{1}{3}$ 、2日目は全体の $\frac{1}{4}$ を自分が食べた。

一人ではケーキが食べきれないので、残りのケーキのうち $\frac{3}{5}$ を友達に食べてもらった。

最後に余ったケーキは、全体のどれくらいの割合か？

分数で答えよう。

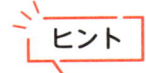

ヒント

分数の計算が難しければ、整数になおして考える。

考え方

1日目は全体の $\frac{1}{3}$ 、2日目は全体の $\frac{1}{4}$ を食べたので、自分が食べた残りのケーキは、1 － ($\frac{1}{3}$ ＋ $\frac{1}{4}$) ＝ ？で求められる。

分母に3と4が出てくるので、3 × 4 ＝ 12 を計算し、最初にケーキを12個に分けておく。

1日目には12の $\frac{1}{3}$ の4個、2日目には12の $\frac{1}{4}$ の3個、の小分けケーキを食べたと考える。

残りは 12 － (4 ＋ 3) ＝ 12 － 7 ＝ 5 個。

このように考えれば、1 － ($\frac{1}{3}$ ＋ $\frac{1}{4}$) ＝ $\frac{12 - (4+3)}{12}$ ＝ $\frac{5}{12}$ 、と求められる。

残り5個のうち $\frac{3}{5}$ を友達が食べたので、友達が食べた小分けケーキは3個に相当する。

したがって、小分けケーキ12個のうち2個が最後に余ったことになる。

つまり、最後に余ったケーキは、全体の $\frac{2}{12}$ ＝ $\frac{1}{6}$ である。

※ $\frac{1}{3}$ ＋ $\frac{1}{4}$ ＝ $\frac{2}{7}$ は間違い。

□□■■＋△△△▲＝□□△△△■▲ のようにイメージしがちだが、■は全体を3等分、▲は全体を4等分していて、▲と■の大きさが違うので、そのまま足して $\frac{2}{7}$ と考えるのは誤り。分数の足し算・引き算は、分母同士、分子同士を足して計算するのは間違いなので注意しよう。

 答え　$\frac{1}{6}$

分数のかけ算・わり算

ピザパーティーをひらき、ピザをみんなで等しく分ける。ピザ1枚の $\frac{3}{8}$ を1人分とすると、ピザ6枚は何人分あるか？

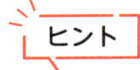

ピザ1枚を8分割した3切れを1人分として、ピザ6枚は何切れあるか考える。

考え方

$6 \div \dfrac{3}{8} = ?$ を考える。

ピザ 1 枚を 8 分割した 3 切れを 1 人分とする。

ピザ 6 枚全部を 8 分割すると、ピザは $6 \times 8 = 48$ 切れある。

1 人分は 3 切れなので、$48 \div 3 = 16$ 人分となる。

$6 \div \dfrac{3}{8} = ?$ は、$6 \times 8 \div 3 = 16$、で求めることができて、

$6 \times \dfrac{8}{3} = ?$ と同じ。

分数のわり算は、ひっくり返してかけ算にすればよい。

わり算をすることで、6 枚→ 16 人分と単位が変わる。

答え   **16 人分**

最小公倍数

算数クイズ

６で割ると３余り、７で割ると４余り、９で割ると６余る。
この条件を満たす最も小さい整数は何か？

答えの数に３を足すと、６、７、９すべてで割り切れる数になる。

6で割ると3余るということは、答えの数に6と3の差の3を足すと6で割り切れる。

7で割ると4余るということは、答えの数に7と4の差の3を足すと7で割り切れる。

9で割ると6余るということは、答えの数に9と6の差の3を足すと9で割り切れる。

したがって、3を足すと、6の倍数にも7の倍数にも9の倍数にもなる。

この条件を満たす最も小さい整数は、3を足すと、6と7と9の最小公倍数になる数である。

6と7と9の最小公倍数を求める。

6 = 2 × 3、9 = 3 × 3だから、6と7と9の最小公倍数は2 × 3 × 3 × 7 = 126である。

答えの数に3を足すと126になる。

答えの数は、126 − 3 = 123 とわかる。

実際に計算して確かめてみる。

123 ÷ 6 = 20 余り 3、123 ÷ 7 = 17 余り 4、123 ÷ 9 = 13 余り 6、となり正しい。

 **答え** 123

カレンダーの算数①

ある月のカレンダーを見て、同じ曜日のたて 1 列の 5 日分を四角で囲ってみた。
四角の中の 5 つの数字をすべて足すと、80 になった。
囲った四角の中で 2 番目に小さな数字は何か？

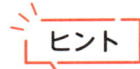

カレンダーで並ぶ数の性質をよく考えて、5 つの数字を当ててみよう。

たて1列の5つの数字の関係性を考える。

? − 14
? − 7
?
? + 7
? + 14

↓

合計 80

一番下「? + 14」の + 14 を、一番上「? − 14」にあげると、
どちらも「?」になる。
同様に、+ 7 は − 7 にあげると、どれも「?」になる。

?
?
?
?
?

↓

合計 80

四角の中に？が5つあるのと合計は同じなので、？× 5 ＝ 80
？＝ 80 ÷ 5 ＝ 16
四角の中で2番目に小さな数字は、？− 7 ＝ 16 − 7 ＝ 9 である。

答え　**9**

カレンダーの算数②

ある月のカレンダーを見て、×の形になるように 5 つの数を囲ってみた。

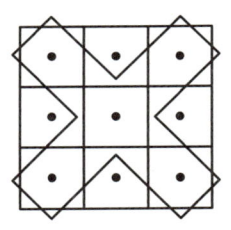

この 5 つの数をすべて足すと、95 になった。
囲った 5 つの数の中で、最も大きな数字は何か？

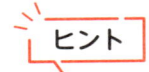

カレンダーで並ぶ数の性質に注目して、5 つの数の関係性を考えよう。

考え方

5つの数の関係性を考える。

? − 8		? − 6
	?	
? + 6		? + 8

↓

合計 95

右下「? + 8」の+8を、左上「? − 8」にあげると、どちらも「?」になる。
左下「? + 6」の+6を、右上「? − 6」にあげると、どちらも「?」になる。

?		?
	?	
?		?

↓

合計 95

?が5つあるのと合計は同じなので、?× 5 = 95
? = 95 ÷ 5 = 19
囲った5つの数の中で、最も大きな数字は、? + 8 = 19 + 8 = 27
である。

答え 27

22

2けたのかけ算

> ### 算数クイズ

お祭りでスーパーボールすくいのお店を出すことになった。

スーパーボール 58 個入りの袋を 47 袋買って、全ての
スーパーボールを丸プールの中に入れる。

お客さん 1 人につき最大 8 個までスーパーボールを持ち
帰ってよいことにする。

少なくとも何人のお客さんにスーパーボールを持ち帰っ
てもらえるか？

> ヒント

持ち帰るスーパーボールの数は 0 ～ 8 個で、実際は人によって数
が違う。

ここでは、お客さんがみんな 8 個のスーパーボールを持ち帰った
場合を考える。

全部で何個のスーパーボールが入っているか求めるには、スーパーボウル 58 個入りの袋を 47 袋買ったので、47 × 58 を計算する。

47 × 58
= 47 ×（60 − 2）
= 47 × 60 − 94
= 2820 −（100 − 6）
= 2720 + 6
= 2726

このように、1 の位が大きい数 58 は（60 − 2）、100 に近い数 94 は（100 − 6）、に置き換えると、

2 けたのかけ算は筆算をしなくても、数を分解することで楽に計算できる。

お客さんがみんな 8 個のスーパーボールを持ち帰ったと仮定すると、

2726 ÷ 8 = 340　余り 6

340 人が 8 個持ち帰ると、次の 1 人は 6 個持ち帰ることになる。

つまり、少なくとも 341 人のお客さんに持ち帰ってもらえる。

答え　**341 人**

数列①

算数クイズ

次の数列は、ある規則性によって並んでいる。

6、35、143、?

? に入る数は何か？

ヒント

数をかけ算の形になおしてみよう。

それぞれの数をかけ算の形になおしてみる。

6、35、143、 ? は、

2×3、5×7、11×13、 ?

素数×素数の数列になっていて、 2、3、5、7、11、13、は
素数を小さい順に並べたものである。

素数とは、1とその数でしか割り切れない正の整数のことである。
13 より大きい次の素数は 17、その次の素数は 19 なので、

$$? = 17 × 19$$
$$= 17 × （20 − 1）$$
$$= 17 × 20 − 17$$
$$= 340 − 17$$
$$= 323$$

答え 323

数列②

> **算数クイズ**

肉眼で見える星は、明るさによって、1 等星、2 等星、3 等星、4 等星、5 等星、6 等星に分けられる。
最も明るい星を 1 等星、最も暗い星を 6 等星と呼ぶ。
1 つ等級が上がると、2.5 倍明るく見える。
1 等星は 6 等星の何倍くらい明るいか？　次のうち最も近いものを 1 つ選ぼう。
① 15 倍くらい　② 50 倍くらい　③ 100 倍くらい

> ヒント

5 等星は、6 等星の 2.5 倍明るい。
4 等星は、5 等星の 2.5 倍明るく、6 等星の？倍明るい。
同様に、3 等星、2 等星、1 等星についても、6 等星の何倍明るいか考えていく。

考え方

5等星は、6等星の 2.5 倍明るい。

4等星は、5等星の 2.5 倍明るく、6等星の 2.5 × 2.5 倍明るい。

3等星は、4等星の 2.5 倍明るく、6等星の 2.5 × 2.5 × 2.5 倍明るい。

2等星は、3等星の 2.5 倍明るく、6等星の 2.5 × 2.5 × 2.5 × 2.5 倍明るい。

1等星は、2等星の 2.5 倍明るく、6等星の 2.5 × 2.5 × 2.5 × 2.5 × 2.5 倍明るい。

つまり、1等星は、2.5 × 2.5 × 2.5 × 2.5 × 2.5 = 97.65625 ≒ 100 倍、明るくなる。

計算が大変であれば、2.5 × 2.5 × 2.5 × 2.5 × 2.5 = 6.25 × 6.25 × 2.5 なので、ざっくり近似して、6 × 6 × 3=108、に近い数値と予想することもできる。

 ③ 100 倍くらい

小数のかけ算

チュロス 1cm あたり 7kcal あるとする。

21.5cm のチュロス 1 本を食べて、得たカロリーを消費するために、階段をのぼることにした。

階段を 1 段のぼると 0.1kcal 消費されるなら、階段を何段のぼればよいか？

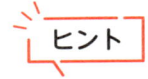

まずチュロス 1 本が何 kcal あるか、考える。

チュロス1cm あたり7 kcal あるので、
① チュロス 0.5 cm で、0.5 × 7 = 3.5 kcal
② チュロス 21 cm で、21 × 7 = 147 kcal
③ チュロス 21.5cm で、3.5 + 147 = 150.5 kcal

```
        21.5
  ×        7
  ─────────────
         3.5    ………①
  +147           ………②
  ─────────────
       150.5    ………③
```

チュロス 1 本は、21.5 × 7 = 150.5 kcal、となる。
階段を 1 段のぼると 0.1 kcal 消費されるので、階段を 1505 段
のぼると 150.5 kcal 消費される。

1505 段

比①

> **算数クイズ**

ギョウザのタレを、しょう油：お酢＝ 5 ： 4 で作りたい。
しょう油を大さじ 8 杯と小さじ 1 杯使うとき、お酢は大さじ何杯と小さじ何杯ではかればよいか？
ただし、大さじ 1 杯は 15mL、小さじ 1 杯は 5mL である。

しょう油、お酢、それぞれ何 mL 使うか、考えてみよう。

考え方

大さじ 1 杯は 15mL、小さじ 1 杯は 5mL なので、
しょう油は、$15 \times 8 + 5 = 120 + 5 = 125mL$ 使う。
しょう油：お酢 $= 5：4 = 125：?$
$125 \div 5 = 25$、なので、$5：4$ を 25 倍すると、
$5 \times 25：4 \times 25 = 125：100$。
お酢を 100 mL 使うことになる。
$100 \div 15 = 6$ 余り 10
$10 \div 5 = 2$
なので、大さじ 6 杯はかった後に、小さじ 2 杯はかればよい。

 **答え**　　大さじ 6 杯と小さじ 2 杯

比 ②

> **算数クイズ**

父、兄、妹の身長比は、7：5：3である。父、母の身長比は、12：11である。
兄と妹の身長差が 48cm であるとき、母と兄の身長差は何 cm か？

まず父、兄、妹の身長を求める。
父、母の身長比から、母の身長がわかる。

考え方

兄と妹の身長比を⑤：③とする。

兄と妹の身長差の⑤－③＝②に相当するのが 48cm なので、①は 48 ÷ 2 = 24cm に相当する。

父、兄、妹の身長比は⑦：⑤：③なので、

父の身長は 24 × 7 = 168cm、兄の身長は 24 × 5 = 120cm、妹の身長は 24 × 3 = 72cm、とわかる。

父、母の身長比は、12:11 = 24 × 7:? = 12 × 14:? となる。

12 : 11 を 14 倍 す る と、12 : 11 = 12 × 14 : 11 × 14 = 168 : 154。

母の身長は、? = 154 cm とわかる。

母と兄の身長差は、154 － 120 = 34cm と求められる。

 **34 cm**

割引率

算数クイズ

5% 引きと、5% ポイント還元では、どちらがお得か？

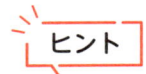

5% ポイント還元は、？ % 引きと同じか、考える。

考え方

5% ポイント還元の場合、100 円買ったら 5 円分のポイントがもらえる。

言い換えると、100 円払って 105 円分のものが買えるということ。
これは、本来 105 円で売っているものを、100 円を出して安く買うのと同じである。

5% ポイント還元は、105 円のものに 100 円払うのと同じなので、割引率は、$\frac{5}{105} = 0.0476\cdots \fallingdotseq 4.76\%$、となる。

したがって、5% 引き＝割引率 5%の方がお得。

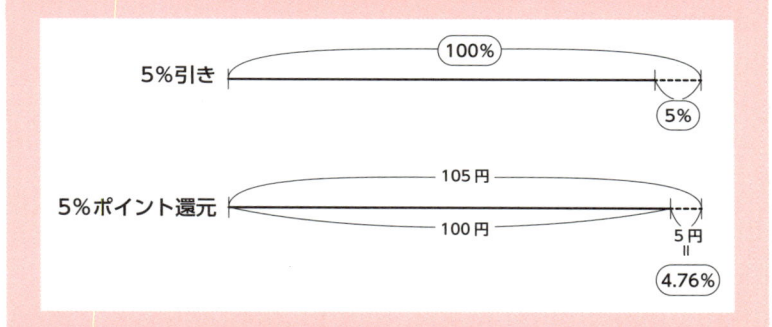

答え　　5% 引き

割合

キャッシュレスで支払うと、5% ポイント還元される。
ただし、還元できる上限は 300 ポイントである。
支払う全額分がポイント還元される最大金額で、最もお
得になるのは何円か？

？の 5% = 300、と考える。

？の 5% ＝ 300、となるとき、？を求める。

？の 1% は、300 ÷ 5 ＝ 60。

？の 100% は、60 × 100 ＝ 6000。

このように考えれば、？ ＝ 300 ÷ 5 × 100 で求められる。

つまり、$300 \times \frac{100}{5} = 6000$。

6000 円をこえると、どれだけ高く買っても 300 ポイントしか
還元されない。

答え　　6000 円

組み合わせ①

家に、半そでの上着が４種類、ズボンが４種類ある。
６月から８月まで、上着・ズボン・靴下の組み合わせが
全く同じ日を作らないようにしたい。
靴下は何種類もっていればよいか？

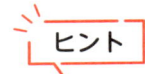 ヒント

まず６月・７月・８月は、何日間あるか考えよう。
次に、半そでの上着・ズボン・靴下の組み合わせを考えよう。

考え方

6月は30日、7月は31日、8月は31日あるので、6月から8月まで30 + 31 + 31 = 92日間ある。

半そでの上着4種類と、ズボン4種類の組み合わせは、4 × 4 = 16通りある。

靴下が5種類あれば、上着・ズボン・靴下の組み合わせは16 × 5 = 80通りできる。

これだと92日間をカバーできず足りない。

靴下が6種類あれば、上着・ズボン・靴下の組み合わせは16 × 6 = 96通りできる。

これなら92日間をカバーできて十分である。

 答え　　**6種類**

組み合わせ②

箱の中に、2点、3点、5点の3種類のボールが計4個入っている。

ただし、どの種類のボールも必ず1つは入っている。

箱の中から取ったボール2個の点数の和は、残ったボール2個の点数の和よりも、1点多かった。

もともと箱の中に絶対1個しか入っていなかったのは、何点のボールか？

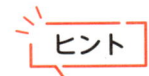
ヒント

②③⑤⑦のボール4個を、2個と2個に分ける場合、どのような組み合わせがあるか、書き出してみよう。

②②③⑤の場合
②②と③⑤に分けると、2＋2＝4点、3＋5＝8点となり、
差は8点－4点＝4点。
②③と②⑤に分けると、2＋3＝5点、2＋5＝7点となり、
差は7点－5点＝2点。

②③③⑤の場合
②③と③⑤に分けると、2＋3＝5点、3＋5＝8点となり、
差は8点－5点＝3点。
②⑤と③③に分けると、2＋5＝7点、3＋3＝6点となり、
差は7点－6点＝1点。

②③⑤⑤の場合
②③と⑤⑤に分けると、2＋3＝5点、5＋5＝10点となり、
差は10点－5点＝5点。
②⑤と③⑤に分けると、2＋5＝7点、3＋5＝8点となり、
差は8点－7点＝1点。

取ったボール2個の点数の和が、残りのボール2個の点数の和よ
りも、1点多かったということは、
②③③⑤か、②③⑤⑤か、どちらかである。
したがって、もともと箱の中に絶対1個しか入っていなかったと
断定できるのは、2点のボールである。
3点のボールと、5点のボールは、もともと箱の中に2個入って
いた可能性がある。

 **2点**

トポロジー①

ひらがなの形を見て、A「つ・く・し」、B「の・る」、C「い・え」、D「か・け」とグループ分けした。
次のひらがなは、それぞれ A ～ D のどのグループに入るか？

①こ　　②ん　　③さ

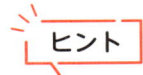

ひらがなの形のつくりをよく見て、穴の数・パーツの数が同じひらがなの仲間を探す。

考え方

算数の世界では、物の形を考える学問をトポロジー（位相幾何学）という。

トポロジーでは、連続的に変形させて重なり合う形は同じと考える。

例えば、「の」の形を粘土のようにぐにゃぐにゃと形を変えていくと、「る」の形にもなる。

「の」も「る」も、トポロジーの世界では、どちらも穴が一つで同じとみなす。

ひらがなの形を分類してみる。

一筆書きできて「一」と同じ形になる仲間は、『く・し・そ・つ・て・ひ・へ・ろ・ん』。

「二」と同じ形になる仲間は、『い・う・え・こ・ら・り』。

『せ・も・を』、『か・け・さ』、『の・る』、『す・み』、『お・は・む』、『わ・れ』も同じ仲間。

 答え　①C　　②A　　③D

トポロジー②

アルファベットの形を見て、①「S・U・N」、②「E・T・Y」、③「R」と仲間分けした。
次のアルファベットは、それぞれ①〜③のどれと同じ仲間になるか？
A　L　F

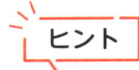

アルファベットの形のつくりをよく見て、穴の数・パーツの数が同じアルファベットの仲間を探す。

考え方

トポロジーの考え方で、アルファベットの形を分類してみる。
一筆書きできて「一」と同じ形になる仲間は、
『C ,G ,I ,J ,L ,M ,N ,S ,U ,V ,W ,Z』。
「○」と同じ形になる仲間は、『D ,O』。
『E ,F ,T ,Y』、『A ,R』も同じ仲間。

 **答え** A ③   L ①   F ②

第2章

楽しみながら学ぶ

過不足算

バレンタインデーに配るため、同じ形のクッキーをたくさん作った。

これを仲良しグループのお友達に配りたい。

クッキーをお友達 1 人あたり 12 個あげると、6 個余る。

クッキーをお友達 1 人あたり 14 個あげると、8 個足りない。

お友達は何人いて、クッキーは全部で何個あるか？

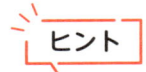

面積図を書いてみるとイメージしやすい。

面積図を見ると、6＋8＝14個が、お友達の人数×1人2個、に相当することになる。

お友達の人数を？とすると、14＝？×2、となるので、？＝14÷2＝7とわかる。

クッキーの個数は、1人あたり12個×7人＋6個＝84＋6＝90である。

90＋8＝98は、14で割ると、98÷14＝7となり割り切れることから、正しいと確認できる。

このように、たくさんのものを何人かで分けて、余ったり足りなかったりするとき、余り分や不足分から全体の数や分ける人数を求める考え方を、過不足算という。

 **答え**　お友達7人、クッキー90個

消去算

家族で回転ずしを食べに行った。

父は、赤皿3枚、青皿1枚、黒皿2枚のおすしを食べて、合計2100円だった。

母は、赤皿2枚、青皿2枚、黒皿2枚のおすしを食べて、合計2000円だった。

子は、青皿2枚、黒皿1枚のおすしを食べたが、子の合計金額はいくらになるか？

ヒント

子は赤皿を食べていないので、父と母の計算式から赤皿を消すことを考える。

赤皿を〇、青皿を△、黒皿を□で表す。子の△△□の合計金額を求める。

父：〇〇〇△□□＝ 2100

母：〇〇△△□□＝ 2000

△が〇に変わると 2100 − 2000 ＝ 100 円高くなる。

つまり、〇は△より 100 円高い。

母：△ 100 △ 100 △△□□＝ 2000、となり、

△△△△□□＝ 2000 − 100 − 100 ＝ 1800、とわかる。

△△□＝ 1800 ÷ 2 ＝ 900、と求められる。

〈別の考え方〉

赤皿〇を消すために、父と母で〇の数を同じにする。

父は〇が 3、母は〇が 2、なので、二人とも〇の数を 3 × 2 ＝ 6 に揃える。

父：〇〇〇△□□＝ 2100 →全体を 2 倍する

→〇〇〇〇〇〇△△□□□□＝ 4200

母：〇〇△△□□＝ 2000 →全体を 3 倍する

→〇〇〇〇〇〇△△△△△△□□□□□□＝ 6000

父と母を比べると、〇の数は同じだが、母は父よりも△△△△□□が多い。

△△△△□□が増えると、6000 − 4200 ＝ 1800 円高くなる。

△△□が増えると、1800 ÷ 2 ＝ 900 円高くなる。

△△□＝ 900

このように、あるものの数を同じにして引き算して消し、残ったものの数を求める考え方を、消去算という。

900 円

和差算

　4 人分のお弁当を買いに行った。お店には、お魚弁当、お肉弁当、中華弁当の 3 種類があった。

お弁当を 4 つ買うが、どのお弁当も必ず 1 つは買いたい。1 つ多く買うのが、お魚弁当なら合計 2220 円、お肉弁当なら合計 2320 円、中華弁当なら合計 2380 円になる。このとき、それぞれのお弁当の値段はいくらか？

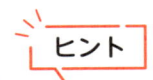

まず、お魚弁当、お肉弁当、中華弁当の値段の差を考える。
次に、4 人分のお弁当の合計金額から、それぞれのお弁当の値段を求める。

お肉弁当は、お魚弁当より 2320 − 2220 = 100 円高い。
中華弁当は、お魚弁当より 2380 − 2220 = 160 円高い。
お魚弁当 2 つ、お肉弁当 1 つ、中華弁当 1 つ買う場合を線分図で表す。

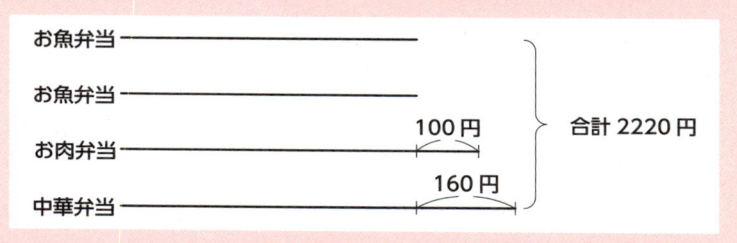

お肉弁当の線を 100 円短くし、中華弁当の線を 160 円短くすると、合計 2220 − 100 − 160 = 1960 円になる。

お魚弁当を 4 つ買うと 1960 円になるので、お魚弁当 1 つは 1960 ÷ 4 = 490 円。
お肉弁当は、お魚弁当より 100 円高いので、490 + 100 = 590 円。
中華弁当は、お魚弁当より 160 円高いので、490 + 160 = 650 円。
このように、いくつかの数の和と差をもとに、それぞれの数を求める考え方を、和差算という。

 **答え**　お魚弁当 490 円、お肉弁当 590 円、中華弁当 650 円

数の積

算数クイズ

　4けたの数の暗証番号を決めるにあたって、忘れても計算で導けるようにしたい。

1×2×3×4・・・

のように、1から順番に自然数をかけ算すると、4けたの数字が出てくるので、それを暗証番号にした。

この暗証番号はいくつか？

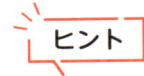

1×2×3×4・・・とかけ算をするときに、計算の工夫をしてみよう。

1×2×3×4×5＝（2×5）×（3×4）

＝ 10 × 12

＝ 120

1×2×3×4×5×6＝120×6

＝（100 ＋ 20）×6

＝ 600 ＋ 120

＝ 720

1×2×3×4×5×6×7

＝ 720 × 7

＝（700 ＋ 20）×7

＝ 4900 ＋ 140

＝ 4900 ＋ 100 ＋ 40

＝ 5040

1×2×3×4×5×6×7×8 ＝ 40320、で5けたになる。

4けたになるのは、5040のみで、これを暗証番号とする。

答え　　5040

数の和

次のひらがな 1 文字は、それぞれ 1 ～ 8 の数どれかを表していて、同じひらがなは同じ数、違うひらがなは違う数である。

だ＋る＋ま＋さ＋ん＋が＋こ＋ろ＋ん＋だ＝ 47

だ＋ん＋ろ＝ 18

ろ＝ ?

? に入る数は何か？

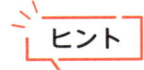

「だるまさんがころんだ」の中で 2 回登場するひらがなを見つけよう。

考え方

「だるまさんがころんだ」の中で、2回登場するのは「ん」「だ」で、その他のひらがなは1回登場する。

「だるまさんがころ」＋「んだ」
＝（1＋2＋3＋4＋5＋6＋7＋8）＋「んだ」
＝（1＋8）＋（2＋7）＋（3＋6）＋（4＋5）＋「んだ」
＝9×4＋「んだ」
＝36＋「んだ」
＝47

となることから、「んだ」＝47－36＝11、とわかる。

「だんろ」＝「だん」＋「ろ」＝11＋「ろ」＝18、なので、
「ろ」＝18－11＝7

 答え　7

覆面算（足し算）

「トマト　＋　マトン　＝　トトント」
「ママ　＋　マト　＝ ? ? ? 」

この暗号では、カタカナ１文字がそれぞれ０〜９の数どれかを表していて、同じカタカナは同じ数、違うカタカナは違う数である。

? ? ? に入るカタカナは何か？

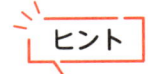

筆算の形にしてみると考えやすい。

トマト、マトンは 999 未満の整数なので、足すと 999+999=1998 未満になるはずである。

2000 をこえることはないので、「トトント」の千の位、すなわち「ト」は 1 を表す。

「トマト ＋ マトン ＝ トトント」を筆算の形にしてみると、

```
    1 ● 1
+   ● 1 □
─────────
  1 1 □ 1
```

一の位に注目すると、1＋□＝1、となっていて、□は 0〜9 の候補のうち 0 しかない。

```
    1 ● 1
+   ● 1 0
─────────
  1 1 0 1
```

十の位に注目すると、●＋1 ＝ 10、となっていて、●は 0〜9 の候補のうち 9 しかない。

「トマト ＋ マトン ＝ トトント」は、「191+910=1101」の一通りに決まる。

つまり、「ト＝1、マ＝9、ン＝0」とわかる。

ママ ＋ マト ＝ 99+91 ＝ 190 ＝ トマン

このように、数字が他の文字に置きかえられた計算式を解く考え方を、覆面算という。

まるで数字が覆面をかぶっているみたいに見えるが、論理立てて考えていけば数字が明らかになる。

 **答え**　トマン

覆面算（かけ算）

> **算数クイズ**

「イカ　×　カ　＝　スイカ」
「スス　×　スス　＝ ? ? ? 」
この暗号では、カタカナ 1 文字がそれぞれ 1 ～ 5 の数どれかを表していて、同じカタカナは同じ数、違うカタカナは違う数である。

? ? ? に入るカタカナは何か？

ヒント

「カ×カ＝□カ」となることに注目して、カにあてはまる数をしぼる。

考え方

	イ	カ
×		カ
ス	イ	カ

一の位に注目すると、「カ×カ＝□カ」となっている。

1〜5の数の中であてはまるのは、$1 \times 1 = 1$、$5 \times 5 = 25$、である。

もし「カ＝1」ならば、「イカ×カ＝イカ」になるはずなので、誤り。

したがって、「カ＝5」とわかる。

	イ	5
×		5
ス	イ	5

「カ＝5」なので、「イ」には1〜4のどれかがあてはまる。

$15 \times 5 = 75$、$25 \times 5 = 125$、$35 \times 5 = 175$、

$45 \times 5 = 225$

のうち「スイカ」の形になるのは、$25 \times 5 = 125$ のみ。

$15 \times 5 = 75$ の場合、75 が3桁ではないので該当しない。

$35 \times 5 = 175$ の場合、35 と 175 の 10 の位の数が異なるので該当しない。

$45 \times 5 = 225$ の場合、225 の 100 の位と 10 の位の数が同じなので該当しない。

「ス＝1、イ＝2、カ＝5」とわかる。

$スス \times スス = 11 \times 11 = 121$

「ス＝1、イ＝2」なので、121 は「スイス」と表される。

答え　**スイス**

音階の算数

ギターの弦の長さによって、出る音の高さが変わる。
弦の長さを $\frac{2}{3}$ にすると、ドレミファソラシの音階において 5 度高い音が出るようになる。
音の高さの差は、同じ音（例：ドとド）を 1 度、隣の音（例：ドとレ）を 2 度、のように表す。
例えば、ドの音を出す弦の長さを $\frac{2}{3}$ にすると、ソの音が出る。
弦の長さを $\frac{1}{2}$ にすると、ドレミファソラシドの音階において 1 オクターブ高い音が出るようになる。
例えば、ドの音を出す弦の長さを $\frac{1}{2}$ にすると、1 オクターブ高いドの音が出る。

音階	（低）	1	2	3	4	5	6	7	8	9	10	（高）
		ド	レ	ミ	ファ	ソ	ラ	シ	ド	レ	ミ	…
弦の長さ		1				$\frac{2}{3}$			$\frac{1}{2}$			

ドの音を出す弦の長さを $\frac{8}{9}$ にすると、ドレミファソラシのうちどの音が出るか？

弦の長さを 2 倍にすると、1 オクターブ低い音が出る。

$\dfrac{8}{9} = \dfrac{2}{3} \times \dfrac{2}{3} \times 2$、と表される。

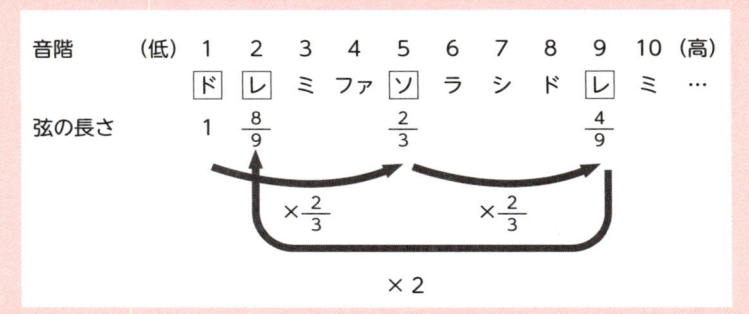

ドの音を出す弦の長さを $\dfrac{2}{3}$ にすると、ソの音が出る。

そのソの音を出す弦の長さを $\dfrac{2}{3}$ にすると、レの音が出る。

そのレの音を出す弦の長さを2倍にすると、1オクターブ低いレの音が出る。

このような音階と弦の長さの関係を発見したのは、数学者ピタゴラスであり、音楽にも算数が関わっている。

答え　　レ

素数

アメリカに、13 年ごとに大量発生するセミと、17 年ごとに大量発生するセミがいる。

1803 年にこの 2 種類のセミが同時に大量発生したとすると、次にこの 2 種類のセミの大量発生が重なるのは、西暦何年だと考えられるか？

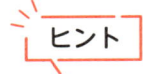 ヒント

13 も 17 も素数（1 とその数自身でしか割ることができない数）であることに注目する。

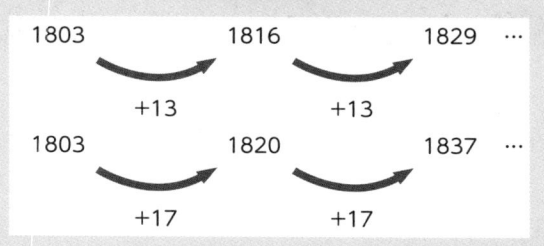

セミの大量発生が次に重なるのは、13 と 17 の最小公倍数を足した年である。

13 と 17 に共通する約数は 1 のみで、13 と 17 の最小公倍数は 13 × 17 = 221 である。

13 も 17 も素数なので、13 × 17 = 221 年ごとに 2 種類のセミが同時に大量発生する。

次に同時大量発生がおこるのは、1803 年 + 221 年 = 2024 年であると考えられる。

13 年または 17 年ごとに特定の地域で一斉に大量発生するセミは、素数ゼミ（周期ゼミ）と呼ばれている。

2024 年

双子素数

算数クイズ

　3と5のように、素数のペアのうち差が2となるものを、双子素数という。

50 より小さい数で作られる双子素数は何ペアあるか？

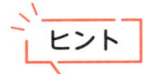 ヒント

50 より小さい素数を書き出してみよう。

50 より小さい素数は、2、3、5、7、11、13、17、19、23、29、31、37、41、43、47、である。

このうち差が2となる双子素数は、(3・5)、(5・7)、(11・13)、(17・19)、(29・31)、(41・43)、の6ペアである。

答え

6ペア

完全数

6の約数は1、2、3、6で、6以外の約数を足すと
1＋2＋3＝6となり、その数自身になる。

28の約数は1、2、4、7、14、28で、28以外の約数を足すと1＋2＋4＋7＋14＝28となり、その数自身になる。

次の数のうち、6や28のように、その数以外の約数の和が、その数自身と同じになるのは、どれか？

①　24　　　②　248　　　③　496

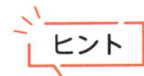

ヒント

それぞれ約数を書き出し、もとの数以外の約数を足して、もとの数と同じになるか確かめてみよう。

① 24

24 は、1 × 24、2 × 12、3 × 8、4 × 6、と表せる。

24 は、1、2、3、4、6、8、12、24 で割り切れるので、1、2、3、4、6、8、12、24 が約数である。

24 以外の約数を足すと、1 + 2 + 3 + 4 + 6 + 8 + 12 = 36 となり、24 と同じではない。

② 248

248 は、1 × 248、2 × 124、4 × 62、8 × 31、と表せる。

248 は、1、2、4、8、31、62、124、248 で割り切れるので、1、2、4、8、31、62、124、248 が約数である。

248 以外の約数を足すと、1 + 2 + 4 + 8 + 31 + 62 + 124 = 232 となり、248 と同じではない。

③ 496

496 は、1 × 496、2 × 248、4 × 124、8 × 62、16 × 31、と表せる。

496 は、1、2、4、8、16、31、62、124、248、496 で割り切れるので、1、2、4、8、16、31、62、124、248、496 が約数である。

496 以外の約数を足すと、1 + 2 + 4 + 8 + 16 + 31 + 62 + 124 + 248 = 496 となり、496 と同じになる。

6、28、496 のように、その数以外の約数の和が、その数自身と同じになる数を、完全数という。

答え　　③　**496**

友愛数

Ａ の約数のうち、Ａ 以外の約数を全て足すと、Ｂ になる。
Ｂ の約数のうち、Ｂ 以外の約数を全て足すと、Ａ になる。
次の数のペアのうち、Ａ と Ｂ にあてはまる数のペアと
して正しいのはどれか？

①　12 と 16　　②　102 と 114　　③　220 と 284

ヒント

それぞれ約数を書き出し、もとの数以外の約数を足して、相手の
数と同じになるか確かめてみよう。

考え方

①　12 と 16
　12 は、1 × 12、2 × 6、3 × 4、と表せて、1、2、3、4、
6、12 が約数である。
　12 以外の約数を足すと、1 ＋ 2 ＋ 3 ＋ 4 ＋ 6 ＝ 16 となる。
　16 は、1 × 16、2 × 8、4 × 4、と表せて、1、2、4、8、
16 が約数である。
　16 以外の約数を足すと、1 ＋ 2 ＋ 4 ＋ 8 ＝ 15 となり、12 で
はないので誤り。

② 102 と 114

102 は、1 × 102、2 × 51、3 × 34、6 × 17 と表せて、1、2、3、6、17、34、51、102 が約数である。

102 以外の約数を足すと、1 + 2 + 3 + 6 + 17 + 34 + 51 = 114 となる。

114 は、1 × 114、2 × 57、3 × 38、6 × 19 と表せて、1、2、3、6、19、38、57、114 が約数である。

114 以外の約数を足すと、1 + 2 + 3 + 6 + 19 + 38 + 57 = 126 となり、102 ではないので誤り。

③ 220 と 284

220 は、1 × 220、2 × 110、4 × 55、5 × 44、10 × 22、11 × 20 と表せて、1、2、4、5、10、11、20、22、44、55、110、220 が約数である。

220 以外の約数を足すと、1 + 2 + 4 + 5 + 10 + 11 + 20 + 22 + 44 + 55 + 110 = 284 となる。

284 は、1 × 284、2 × 142、4 × 71 と表せて、1、2、4、71、142、284 が約数である。

284 以外の約数を足すと、1 + 2 + 4 + 71 + 142 = 220 となる。

220 と 284 のように、その数以外の約数の和が、お互いに他方と同じになる数のペアを、友愛数という。

220 と 284 は、お友達みたいな関係といえる。

 **③ 220 と 284**

婚約数

A の約数のうち、1 と A 以外の約数を全て足すと、B になる。

B の約数のうち、1 と B 以外の約数を全て足すと、A になる。

次の数のペアのうち、A と B にあてはまる数のペアとして正しいのはどれか？

① 20 と 21 　　② 48 と 75 　　③ 56 と 63

ヒント

それぞれ約数を書き出し、1 ともとの数以外の約数を足して、相手の数と同じになるか確かめてみよう。

考え方

① 20 と 21

20 は、1 × 20、2 × 10、4 × 5、と表せて、1、2、4、5、10、20 が約数である。

1 と 20 以外の約数を足すと、2 + 4 + 5 + 10 = 21 となる。

21 は、1 × 21、3 × 7、と表せて、1、3、7、21 が約数である。

1 と 21 以外の約数を足すと、3 + 7 = 10 となり、20 ではないので誤り。

② 48 と 75

48 は、1 × 48、2 × 24、3 × 16、4 × 12、6 × 8 と表せて、1、2、3、4、6、8、12、16、24、48 が約数である。

1 と 48 以外の約数を足すと、2 + 3 + 4 + 6 + 8 + 12 + 16 + 24 = 75 となる。

75 は、1 × 75、3 × 25、5 × 15 と表せて、1、3、5、15、25、75 が約数である。

1 と 75 以外の約数を足すと、3 + 5 + 15 + 25 = 48 となる。

48 と 75 のように、1 とその数以外の約数の和が、お互いに他方と同じになる数のペアを、婚約数という。

48 と 75 は、婚約者のカップルみたいな関係といえる。

③ 56 と 63

56 は、1 × 56、2 × 28、4 × 14、7 × 8 と表せて、1、2、4、7、8、14、28、56 が約数である。

1 と 56 以外の約数を足すと、2 + 4 + 7 + 8 + 14 + 28 = 63 となる。

63 は、1 × 63、3 × 21、7 × 9 と表せて、1、3、7、9、21、63 が約数である。

1 と 63 以外の約数を足すと、3 + 7 + 9 + 21 = 40 となり、56 ではないので誤り。

 **② 48 と 75**

比例

算数クイズ

家にある古いテレビが何型（何インチ）のサイズか忘れてしまった。

テレビのサイズは、画面の対角線の長さが何インチかで表す。

インチは、アメリカなどの長さの単位で、1インチは2.54cm である。

家のテレビは、高さ：横幅：対角線の長さ＝3：4：5であり、横幅は 48.8cm だった。

家のテレビは、何型（何インチ）か？

① 24 型　　② 32 型　　③ 40 型

ヒント

テレビの対角線の長さ（cm）を比例計算で求めた後、単位を cm からインチへ変換しよう。

考え方

横幅：対角線の長さ ＝ 4：5 ＝ 48.8cm：？ cm

？ ＝ 48.8cm ÷ 4 × 5 ＝ 12.2cm × 5 ＝ 61cm

1インチは 2.54cm なので、

61cm ＝ 61 ÷ 2.54 インチ ＝ 24.0157…インチ ≒ 24 インチ

$61 ÷ 2.5$ と近似して、$61 ÷ \dfrac{5}{2} = 61 × \dfrac{2}{5} = 122 ÷ 5 = 24.4$

とだいたいの値を求めてもよい。

答え　① **24 型**

周期算

算数クイズ

1 を 41 で割ったとき、小数第 123 位の数字はいくつか？

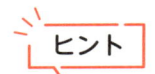

小数点以下の数字に規則性をみつけよう。

1 ÷ 41 ＝ 0.02439 02439 02439 02439…

小数点以下は（02439）という５つの数の繰り返しになっていることがわかる。

123 ÷ 5 ＝ 24 余り３

（02439）の３番目の数は４なので、小数第 123 位の数字は４である。

このように、繰り返しの周期に注目する考え方を、周期算という。

 **4**

集合算

80 人に SNS に関するアンケートをとったところ、Instagram を利用している人は 58 人、TikTok を利用している人は 31 人、どちらも利用している人は 12 人だった。どちらも利用していない人の人数は？

ヒント

ベン図を書いて考える方法もある。

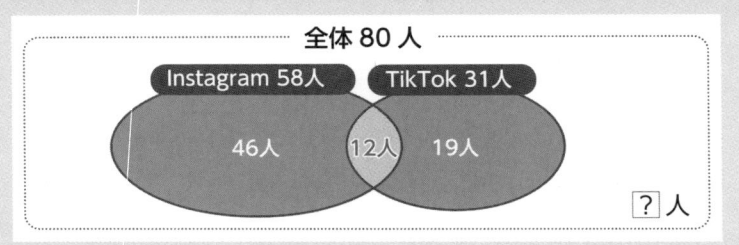

考え方

ベン図を書いて、重なっている部分に注目する。

全体 80 人
Instagram 58人 　TikTok 31人
46人　12人　19人
? 人

どちらも利用していない人の人数を ? と置くと、

58 人 + 31 人 − 12 人 + ? = 80 人

77 人 + ? = 80 人

? = 80 人 − 77 人 = 3 人

このように、複数の集合があるとき、すべてに属するもの、どれにも属さないもの、一部に属するもの、と分ける考え方を、集合算という。

 答え　　3人

第3章

発想力を育てる

還元算

ある商品が価格の15%割引セールをやっていて、さらに200円クーポン券を使って安く買える。

しかし、その商品価格から200円引いた額に対して15%割引が適用されると勘違いして、1360円を払おうと用意していた。

用意した金額は、実際に支払う金額よりいくら多かったか？

 ヒント

まず商品の価格を求めてみよう。

商品の価格を□円とおく。

□から 200 円引いた額に対して 15%割引が適用されると勘違いして、1360 円を支払おうとしていたから、

$(□ - 200) × (1 - 0.15) = 1360$

$(□ - 200) × 0.85 = 1360$

この式を立てたら、逆算して□を求めていく。

$1360 ÷ 0.85 = 1360 ÷ \frac{85}{100} = 1360 × \frac{100}{85}$

$= 5 × 272 × 100 ÷ 5 ÷ 17 = 272 ÷ 17 × 100 = 16 × 100$

$= 1600$

$□ - 200 = 1600$

$□ = 1600 + 200 = 1800$

このように、ある数の計算式を作るとき、答えから逆算してもとの数を求める考え方を、還元算という。

実際に支払う金額は、

$□ × 0.85 - 200 = 1800 × 0.85 - 200 = 1530 - 200 = 1330$

用意した金額と、実際に支払う金額の差は、

$1360 - 1330 = 30$ 円

 **30 円**

倍数算

> **算数クイズ**

兄弟はアニメキャラクターのカードを集めていて、それぞれカードファイルに入れている。

もともと兄と弟が持っていたカード枚数は5：3だった。

兄が弟に8枚のカードをあげると、兄と弟が持っているカード枚数は9：7になる。

兄はもともと何枚のカードを持っていたか？

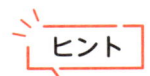

ヒント

線分図を書いて考える方法もある。

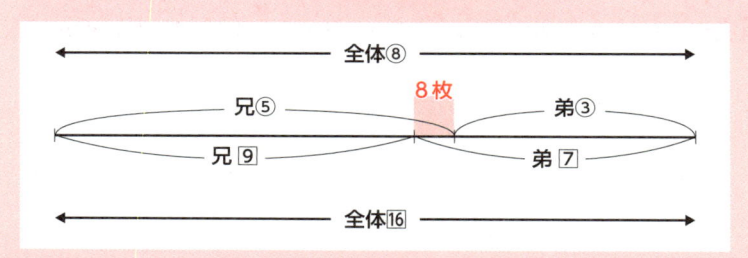

この線分図において、全体⑧と全体⑯の数を次のように揃えると、①＝8枚だとわかる。

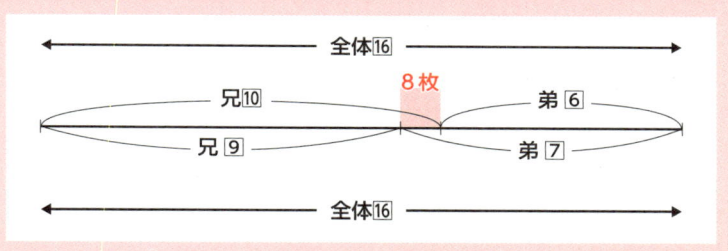

もともと兄は⑩＝8枚×10＝80枚、弟は⑥＝8枚×6＝48枚、のカードを持っていて、兄弟のカード枚数は、80：48＝16×5：16×3＝5：3、だった。兄が弟に8枚あげると、兄は80枚－8枚＝72枚、弟は48枚＋8枚＝56枚になり、兄弟のカード枚数は、72：56＝8×9：8×7＝9：7、になる。このように、比で表せる2つの数が増減して新たな比となるとき、それぞれの数を求める考え方を、倍数算という。

 **80枚**

倍数変化算

> **算数クイズ**

お財布を持って、友達とお買い物に行った。最初、自分と友達が持っていた金額は5：4だった。

自分は520円のおもちゃ、友達は440円のおもちゃを買ったところ、自分と友達が持っている金額が4：3になった。友達のお財布には、最初いくら入っていたか？

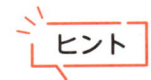

ヒント

線分図を書いて考える方法もある。

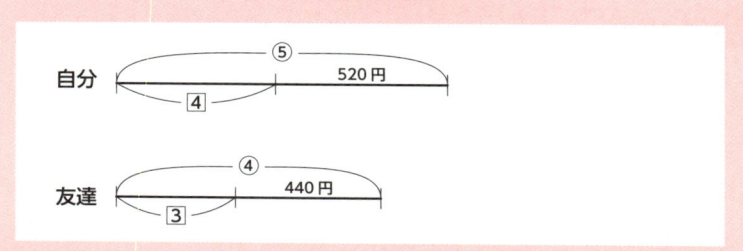

自分の線分図を×4、友達の線分図を×5して、自分と友達の線分図の長さをそろえる。

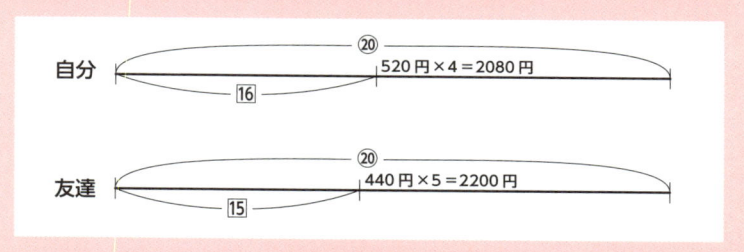

⑯－⑮＝①に相当するのが、2200円－2080円＝120円。
買い物をした後、友達の所持金は、③＝120円×3＝360円。
買い物をする前、友達の所持金は、360円＋440円＝800円。
買い物をする前は、自分：友達＝5：4＝1000円：800円だったが、買い物をして、
自分：友達＝（1000円－520円）：（800円－440円）
＝480円：360円＝4：3になったことが確かめられる。
このように、比で表せる2つの数が増減して新たな比となるとき、和が一定などの倍数算と違って、一定の数がない場合に、それぞれの数を求める考え方を、倍数変化算という。

　800円

相当算

小説の本を 3 日で読むことにした。

1 日目は、全体の $\frac{1}{3}$ より 16 ページ多く読めた。

2 日目は、残りのページの $\frac{4}{9}$ より 6 ページ多く読んだ。

3 日目は、2 日目よりも 4 ページ多く読み、最後まで読みきることができた。

小説の本は、全部で何ページあったか？

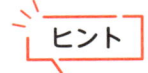

ヒント

まず 2 日目と 3 日目あわせて何ページ読んだのか考えてみよう。

1日目に読んだ残りのページ全体を $\boxed{1}$ とすると、2日目に $\boxed{\dfrac{4}{9}}$ + 6ページ、3日目に $\boxed{\dfrac{4}{9}}$ + 10ページ、読んだ。

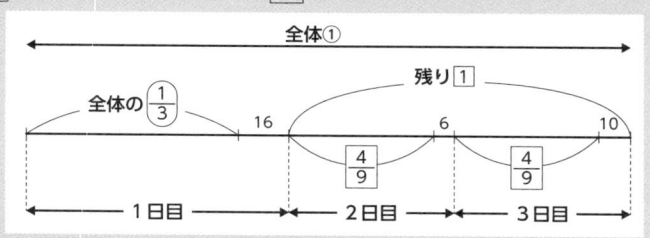

$\boxed{1} = \boxed{\dfrac{4}{9}}$ + 6ページ + $\boxed{\dfrac{4}{9}}$ + 10ページ

$\boxed{1} = \boxed{\dfrac{8}{9}}$ + 16ページ

$\boxed{\dfrac{1}{9}}$ = 16ページ

$\boxed{1}$ = 16ページ × 9 = 144ページ

小説の本のページ全体を①とすると、1日目に $\boxed{\dfrac{1}{3}}$ + 16ページ、2日目と3日目あわせて144ページ、読んだ。

① = $\boxed{\dfrac{1}{3}}$ + 16ページ + 144ページ

$\boxed{\dfrac{2}{3}}$ = 16ページ + 144ページ = 160ページ

① = 160ページ ÷ 2 × 3 = 240ページ

1日目には 240 ÷ 3 + 16 = 96ページ、2日目には
$(240 - 96) \times \dfrac{4}{9} + 6 = 144 \times \dfrac{4}{9} + 6 = 64 + 6 = 70$ ページ、
3日目には 70 + 4 = 74ページ、読んだことが分かり、全部で
96 + 70 + 74 = 240ページだと確かめられる。

このように、一部の数が割合で表されるとき、残りの割合に相当する数や全体の数を求める考え方を、相当算という。

 **答え** ## 240 ページ

平均算

カラオケに行って何曲か歌い、カラオケ採点機能を使った。歌った全曲の平均点は、83 点だった。
最低点 62 点と、その次に低い 65 点を除けば、平均点は 86 点に上がる。全部で何曲歌ったか？

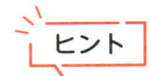

ヒント

面積図を書いて考える方法もある。

点数の面積図を書いてみる。

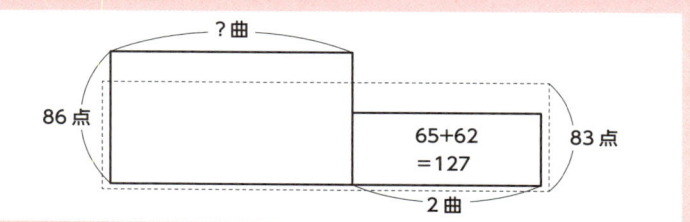

歌った全曲の総得点
＝実線で囲った面積：86 点×？ ＋ 127 点
＝点線で囲った面積：83 点×（？＋2）

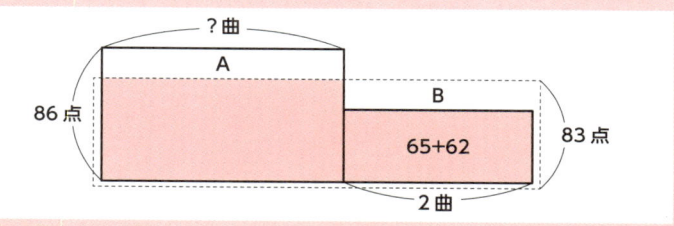

実線で囲った面積＝点線で囲った面積だから、
実線で囲った面積－オレンジの面積＝点線で囲った面積－オレンジ
の面積となり、Aの面積＝Bの面積、となる。

$$(86 点 － 83 点) × ？曲 ＝ 83 点 × 2 曲 － (65 点 ＋ 62 点)$$
$$3 × ？ ＝ 166 － 127$$
$$3 × ？ ＝ 39$$
$$？ ＝ 39 ÷ 3$$
$$？ ＝ 13$$

全部で 13 ＋ 2 ＝ 15 曲歌ったことがわかる。
ばらばらの数をならして平均を求める考え方を、平均算という。

 **15 曲**

損益算

お弁当を売ることになり、原価が 300 円のお弁当を 100 個作った。

原価の 8 割の利益が出るように定価をつけたら、60 個売れた。

途中からタイムセールをして、残りのお弁当を全て売ることにした。

合計 2 万円の利益を出すためには、タイムセールの売り値を定価の何円引きで売ればよいか？

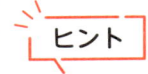

まず定価で売ったときの利益を計算してみよう。
次にタイムセールで売ったときの利益について考えよう。

原価が 300 円のお弁当に、8 割の利益がでるように定価をつけたからお弁当の定価は、300 円× 1.8 ＝ 540 円。

定価で 60 個売ったときの利益は、（540 円－ 300 円）× 60 ＝ 240 円× 60 ＝ 14400 円。

合計 20000 円の利益を出すためには、残り 40 個を売って、あと 20000 円－ 14400 円＝ 5600 円の利益を得なくてはならない。

タイムセールでは、お弁当 1 個あたり、5600 円÷ 40 ＝ 140 円の利益を出す必要がある。

定価では 240 円の利益が出ていたので、タイムセールでは 240 円－ 140 円＝ 100 円引きにすればよい。

このように、物を売り買いするとき、利益や損失などの金額について求める考え方を、損益算という。

答え　100 円引き

濃度算

カニをゆでるために、濃度が3％の食塩水を作りたい。
ところが、食塩を入れすぎてしまい、濃度が5％の食塩水3000gができてしまった。
水のみを追加して濃度を3％にうすめた。
濃度が3％の食塩水には、何gの水が含まれているか？

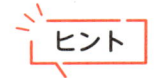
ヒント

食塩の重さ、水の重さに分けて考えよう。

濃度が5％の食塩水 3000g には、食塩が 3000g × 0.05 = 150g 含まれている。

食塩水の重さ＝水の重さ＋食塩の重さ、であるから、

水の重さ＝食塩水の重さ－食塩の重さ＝ 3000g － 150g = 2850g、である。

濃度を3％にするには、食塩の重さ 150g が食塩水の重さの $\frac{3}{100}$ であればよいので、食塩水の重さが $150 \times \frac{100}{3} = 5000$ g であればよい。

したがって、追加する水の重さ＝ 5000g － 3000g = 2000g、である。

濃度が3％の食塩水 5000g に含まれている水は、

2000g + 2850g = 4850g、となる。

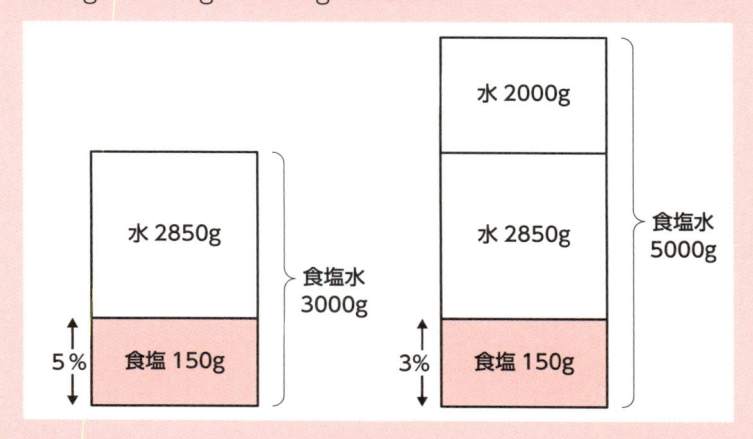

このように、食塩水の濃度、食塩の重さ、水の重さなどを求める考え方を、濃度算という。

 **4850g**

約束記号①

算数クイズ

$2 \star 2 = 1$　　$5 \star 3 = 2$

$4 \star 2 = 3$　　$9 \star 3 = 4$

と表されるとき、

$10 \star 4 = \boxed{?}$

$\boxed{?}$ に入る数は何か？

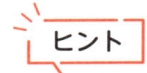

約束記号★が何を意味するのか、法則をみつけよう。

＋－×÷のどれかが関係しているかも…?!

考え方

A ★ B ＝（A － 1）÷（B － 1）、と気付けるかがポイント。

2 ★ 2 ＝（2 － 1）÷（2 － 1）＝ 1 ÷ 1 ＝ 1

5 ★ 3 ＝（5 － 1）÷（3 － 1）＝ 4 ÷ 2 ＝ 2

4 ★ 2 ＝（4 － 1）÷（2 － 1）＝ 3 ÷ 1 ＝ 3

9 ★ 3 ＝（9 － 1）÷（3 － 1）＝ 8 ÷ 2 ＝ 4

10★ 4 ＝（10 － 1）÷（4 － 1）＝ 9 ÷ 3 ＝ 3

 答え　　3

約束記号②

整数Ａを３回かけたときの１の位を［Ａ］と表すことにする。

例えば、３×３×３＝２７なので、［３］＝７、となる。

［８］＋［９］＝［２］＋［ ? ］

? に入る１けたの自然数は何か？

８×８×８、９×９×９、２×２×２、を計算してみよう。

考え方

$1 \times 1 \times 1 = 1$ より、[1] = 1
$2 \times 2 \times 2 = 8$ より、[2] = 8
$3 \times 3 \times 3 = 27$ より、[3] = 7
$4 \times 4 \times 4 = 64$ より、[4] = 4
$5 \times 5 \times 5 = 125$ より、[5] = 5
$6 \times 6 \times 6 = 216$ より、[6] = 6
$7 \times 7 \times 7 = 343$ より、[7] = 3
$8 \times 8 \times 8 = 512$ より、[8] = 2
$9 \times 9 \times 9 = 729$ より、[9] = 9
[8] + [9] = [2] + [?]
$2 + 9 = 8 +$ [?]
[?] = 3
? = 7

 7

約束記号③

整数Ａを９で割ったときの余りを〈Ａ〉と表すことにする。
例えば、〈11〉＝２、〈18〉＝０、となる。
〈100〉＋〈102〉＋〈104〉＋・・・＋〈196〉＋〈198〉
＋〈200〉はいくつか？

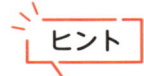

ヒント

約束記号〈　〉の意味を理解して、数の規則性をみつけよう。

A	100	101	102	103	104	105	106	107	108
〈A〉	1	2	3	4	5	6	7	8	0

A	109	110	111	112	113	114	115	116	117
〈A〉	1	2	3	4	5	6	7	8	0

〈100〉＋〈102〉＋〈104〉＋ … ＋〈116〉
＝1＋3＋5＋7＋0＋2＋4＋6＋8
＝（1＋8）＋（2＋7）＋（3＋6）＋（4＋5）
＝9×4＝36
118 からは、100 〜 117 までと同じサイクルを繰り返す。
100 〜 200 まで 200 － 99 ＝ 101 個ある数のうち、100 〜
117 までの 117 － 99 ＝ 18 個と同じまとまりが何サイクル繰り
返すか考える。
（200 － 99）÷（117 － 99）＝ 101 ÷ 18 ＝ 5 余り 11、なので、
5 サイクル繰り返して、11 個の数が余る。
余り 11 に当たる数は、

A	190	191	192	193	194	195	196	197	198	199	200
〈A〉	1	2	3	4	5	6	7	8	0	1	2

〈190〉＋〈192〉＋〈194〉＋〈196〉＋〈198〉＋〈200〉
＝1＋3＋5＋7＋0＋2＝18
〈100〉＋〈102〉＋〈104〉＋…＋〈196〉＋〈198〉＋〈200〉
＝36×5サイクル＋18＝180＋18＝198

答え 198

方陣算

> 算数クイズ

７×７の正方形マスのダーツボードがあり、ダーツを投げて入ったマスに書かれた数字が得点となる。

７×７の正方形マスのうち、一番外側の１まわりのマスはすべて１点、最も中心にある１マスは 10 点、残りのマスはすべて３点である。

49 回投げて全てのマスにもれなく入った場合、総得点は何点になるか？

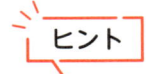 ヒント

10 点、３点、１点のマスはそれぞれいくつあるか数えてみよう。図を書いてみると分かりやすい。

考え方

７×７の正方形マスのダーツボードには、次のように数字が書かれている。

1	1	1	1	1	1	1
1	3	3	3	3	3	1
1	3	3	3	3	3	1
1	3	3	10	3	3	1
1	3	3	3	3	3	1
1	3	3	3	3	3	1
1	1	1	1	1	1	1

10 点のマスは、中央の 1 個のみである。

1 点のマスは、7 × 7 の 1 辺から 1 マス引いて 4 ブロックに分けて考えると、(7 − 1) × 4 = 24 個である。

1	1	1	1	1	1	1
1						1
1						1
1						1
1						1
1						1
1	1	1	1	1	1	1

3 点のマスは、4 ブロックに分けて考えると、(2 × 3) × 4 = 24 個である。5 × 5 − 1 = 24 個と求めてもよい。

3	3	3	3	3
3	3	3	3	3
3	3		3	3
3	3	3	3	3
3	3	3	3	3

全ての数を足すと、10 点 × 1 + 1 点 × 24 + 3 点 × 24 = 10 点 + 4 点 × 24 = 10 点 + 96 点 = 106 点

このように、正方形に並べた配列を方陣とよび、正方形のマスの数を数える考え方を、方陣算という。

 答え **106 点**

植木算

音楽ライブを開催して、19 曲を歌うことになった。

1 曲は 4 分で、曲と曲の間には必ずトークをはさみ、最初の曲が始まってから最後の曲が終わるまで 112 分でおさめたい。

トークにかける時間を毎回同じ長さにするなら、1 回のトークは何分にすればよいか？

 ヒント

19 曲を歌う場合、曲と曲の間のトークは何回あるか考えよう。

考え方

　1曲歌い終わると1回トークを続けるが、最後の曲を歌い終わった後にはトークをしない。

19曲歌う場合、1曲目から18曲目までは歌った後にトークをして、19曲目は歌っておしまいとなる。

したがって、トーク回数は18回ある。

トーク合計時間＝　ライブ合計時間　－　曲を歌う合計時間

　　　　　　＝　112分　－　19曲×1曲あたり4分

　　　　　　＝　112分　－　76分

　　　　　　＝　36分

トークは、36分÷18回＝1回あたり2分、にすればよい。

このように、木を等しい間隔で植えるように、何かを同じ間隔で並べるとき、並べた数や間隔について求める考え方を、植木算という。

 **2分**

日暦算
にちれきざん

> **算数クイズ**

ある年の5月5日（日曜日）に、赤ちゃんが生まれた。
日本古来の考え方にならって、生まれた誕生日を1日目
とし、100日目にお食い初めの行事をしたい。
お食い初めをするのは、何月何日（何曜日）になるか？

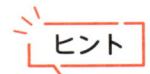

ヒント

5月は31日まで、6月は30日まで、7月は31日まである。

5月は、5月5日〜5月31日まで、31 − 4 = 27 日ある。

6月は、6月1日〜6月30日まで、30 日ある。

7月は、7月1日〜7月31日まで、31 日ある。

5月の日数＋6月の日数＋7月の日数＋8月の日数 = 100 日、となるので、

27 日＋ 30 日＋ 31 日＋ 8月の日数 = 100 日。

100 − 27 − 30 − 31 = 12、より、8月の日数は 12 日であり、8月12日が 100 日目となる。

次に、8月12日が何曜日か考える。

100 ÷ 7 = 14 余り2、より 100 日は 14 週と 2 日であり、100 日目の曜日と 2 日目の曜日は同じ。

日曜	月曜	火曜	水曜	木曜	金曜	土曜	
1日目	2日目	3日目	4日目	5日目	6日目	7日目	
⋮	⋮	⋮	⋮	⋮	⋮	⋮	⎫ 14週
92日目	93日目	94日目	95日目	96日目	97日目	98日目	⎭
99日目	100日目						

1日目は日曜なので、2日目は月曜であり、100 日目も月曜だとわかる。

このように、暦（こよみ）・カレンダーにまつわる算数の考え方を、日暦算という。

答え　　**8月12日（月曜日）**

年齢算

今、ある先生の年齢はある生徒の年齢の３倍である。６年前、この先生の年齢は生徒の年齢の４倍であった。この先生は、今何歳か？

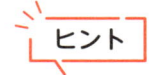

先生と生徒の年齢差はずっと変わらないことに注目しよう。

考え方

先生の年齢を図にしてみる。

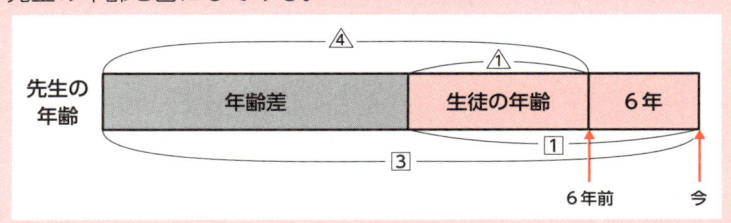

年齢差は、④－①＝③に相当し、また③－①＝②にも相当し、つねに変わらない。

そこで、年齢差の③と②をそろえるために、3と2の最小公倍数⑥に置き換える。

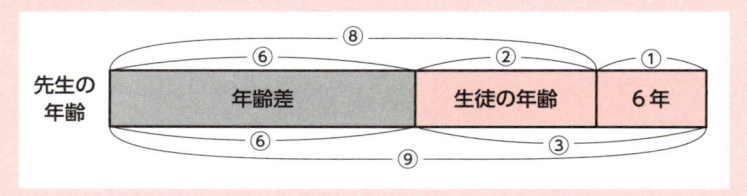

この図において、①＝6年、にあたる。

先生の今の年齢は、⑨＝6年×9＝54年、にあたるので、54歳だとわかる。

6年前、生徒は②＝12歳、先生は⑧＝48歳で、たしかに先生の年齢は生徒の年齢の4倍となっている。

今は、生徒は③＝18歳、先生は⑨＝54歳で、たしかに先生の年齢は生徒の年齢の3倍となっている。

このように、年齢にまつわる算数の考え方を、年齢算という。

 **54歳**

旅人算（追いつき算）

お誕生日ケーキに 18cm のキャンドルと 12cm のキャンドルをさして、同時に火をともしたところ、7 分 30 秒後に同じ長さになった。

長い方のキャンドルは、燃えて全てなくなるまでに 15 分かかる。

短い方のキャンドルが燃えて全てなくなるまでにかかる時間は、何分か？

ヒント

長いキャンドルと短いキャンドルの長さの差に注目する。

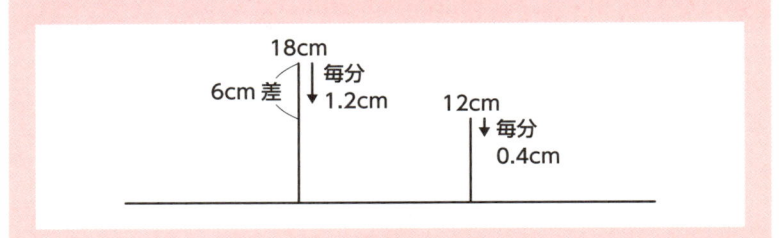

18cm のキャンドルと 12cm のキャンドルの差は、18 − 12 ＝ 6 cm である。

6 cm の差が 7 分 30 秒で埋まったので、6cm ÷ 7.5 分＝毎分 0.8cm ずつ差がなくなっていく。

長い方のキャンドルは、燃えると 15 分で 18cm なくなるので、18cm ÷ 15 分＝毎分 1.2cm 減る。

短い方のキャンドルは、長い方のキャンドルよりも毎分 0.8cm 遅く減るはずで、減る速さは、毎分 1.2cm −毎分 0.8cm ＝毎分 0.4cm。

短い方のキャンドルが燃えて全てなくなるまでにかかる時間は、12cm ÷毎分 0.4cm ＝ 30 分、である。

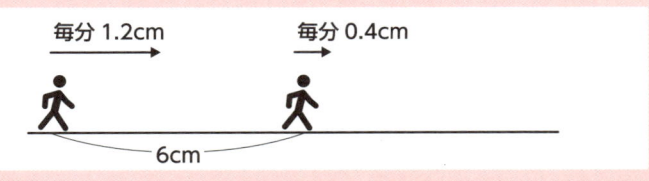

このように、旅人が追いつくように、2 つが同じ方向へ動くときの速さに関する考え方を、旅人算の追いつき算という。

 **30 分**

旅人算（出会い算）

162m 離れた場所に、織姫さんと彦星くんが向かい合っている。

２人は同時に向かい合って走り出し、15 秒後に出会うことができた。

走る速さは、織姫さん：彦星くん＝４：５である。

もし織姫さんが動かず待っていて、彦星くんが織姫さんのもとへ１人で走っていたら、何秒後に２人は出会ったか？

ヒント

2 人が走ると、1 秒あたりどれくらいの距離が縮まるか考えよう。

2人は 162 m離れていたが、向かい合って2人とも走ると 15 秒後に2人の間の距離がゼロになった。

2人は 162m ÷ 15 秒＝毎秒 10.8m ずつ近付いたことになる。

向かい合って2人とも進む場合、2人の速さを足したぶん距離が縮まっていくので、

織姫さんの走る速さ＋彦星くんの走る速さ＝秒速 10.8m となる。

走る速さは織姫さん：彦星くん＝ 4 ： 5 なので、

織姫さんの走る速さ：秒速 10.8m × $\dfrac{4}{4+5}$ ＝秒速 4.8m

彦星くんの走る速さ：秒速 10.8m × $\dfrac{5}{4+5}$ ＝秒速 6 m

もし彦星くんが1人で 162m を秒速6 m で走ったら、

162m ÷秒速6 m ＝ 27 秒で織姫さんのもとに着く。

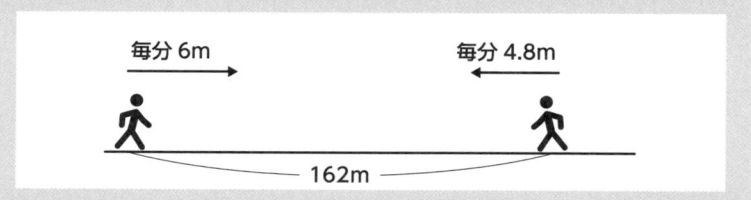

毎分 6m　　　　　　　毎分 4.8m

162m

このように、旅人が出会うように、2つが向かい合って動くときの速さに関する考え方を、旅人算の出会い算という。

答え | **27 秒後**

第4章

柔軟な脳を育てる

時計算

　3時から4時の間で、アナログ時計の長針と短針が3の目盛りをはさんで上下対称の位置になるのは、3時何分か？

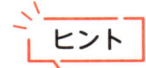 ヒント

3時0分の位置から、上下対称の位置になるまでに、短針が進んだ角度を求めよう。

3時0分の位置から、長針と短針がどのような動きをするか考える。

長針の動き

短針の動き

長針は、60分で一周の360°進むので、

360°÷60分＝毎分6°進む。

短針は、60分で一周の12分の1にあたる30°進むので、

30°÷60分＝毎分0.5°進む。

3時0分の位置から、長針が進んだ角度：短針が進んだ角度＝毎分6°：毎分0.5°＝⑫：①となる。

長針と短針が3の目盛りをはさんで上下対称の位置になるとき、長針と3の目盛りの間の角度＝短針と3の目盛りの間の角度

$90° - ⑫ = ①$
$ 90° = ⑬$
$ ① = \dfrac{90°}{13}$

長針 } 90°−⑫
短針 } ①

次に、短針が①の角度を進む時間を求める。

短針は毎分0.5°の速さで動くので、$① = \dfrac{90°}{13}$ の距離を進む時間は、時間＝距離÷速さより、

$\dfrac{90°}{13} ÷ 0.5 = \dfrac{90°}{13} × 2 = \dfrac{180°}{13} = 13\dfrac{11}{13}$ 分と求められる。

このように、時計の長針と短針の間の角度にまつわる算数の考え方を、時計算という。

答え

$3時13\dfrac{11}{13}分$

通過算

算数クイズ

プラレールで遊び、レールの上を秒速 28cm で走る電車のおもちゃがトンネルを通過する様子を観察した。

電車がトンネルに入り始めてからトンネルを完全に出るまでに 4 秒かかった。

電車がトンネルの中に完全に隠れて見えなくなっている時間は 2 秒だった。このトンネルの長さは何 cm か？

ヒント

電車がトンネルを通過する図を書いてみよう。

考え方

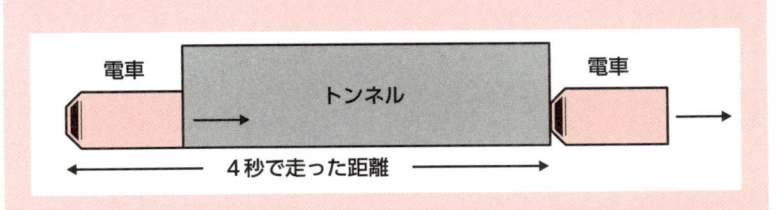

電車の先頭がトンネルに入ってから、電車の最後尾がトンネルを出るまでの間、

4秒で走った距離＝トンネルの長さ＋電車の長さ

秒速 28cm × 4秒＝トンネルの長さ＋電車の長さ

したがって、トンネルの長さ＋電車の長さ＝ 112cm、だとわかる。

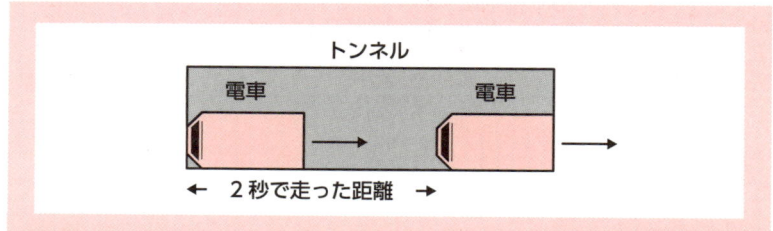

電車の最後尾がトンネルに入り終わってから、列車の先頭が出始めるまでの間、

2秒で走った距離＝トンネルの長さ－電車の長さ

秒速 28cm × 2秒＝トンネルの長さ－電車の長さ

したがって、トンネルの長さ－電車の長さ＝ 56cm、だとわかる。

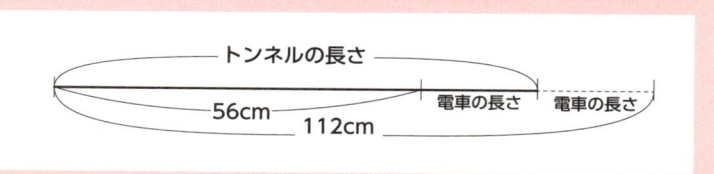

電車の長さ＝（112cm － 56cm）÷ 2 ＝ 56cm ÷ 2 ＝ 28cm

トンネルの長さ＝ 56cm ＋ 28cm ＝ 84cm

このように、乗り物がトンネルを通過するときの考え方は、通過算という。

84cm

流水算

デパートの上りエスカレーターに乗って、立ち止まったまま上がると、上につくまでに28秒かかった。
この上りエスカレーターに乗って、1段ずつ歩きながら上がると、20秒かけて16段歩いたところで上についた。
自分が歩く速さを1.5倍にして、1段ずつ歩きながら上がると、上につくまでに何秒かかるか？

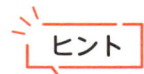

歩きながら上るとき、エスカレーター全体の段数＝エスカレーターが動いた段数＋自分が歩いた段数、となる。

エスカレーターが進む速さ（段／秒）×28秒	
エスカレーターが進む速さ（段／秒）×20秒	自分が歩く速さ（段／秒） ×20秒＝16段
エスカレーターが進む速さ（段／秒）×?秒	自分が歩く速さ（段／秒） ×1.5倍×?秒

立ち止まったままだと28秒かかるところ、自分で16段歩くと20秒でついたことから、エレベーターは28秒−20秒＝8秒で16段進むことが分かる。

エスカレーターが進む速さ（段／秒）×（28秒−20秒）＝16段
エスカレーターが進む速さ（段／秒）＝16段÷8秒＝2段／秒
エスカレーター全体の段数＝エレベーターが進む速さ（段／秒）×28秒＝2段／秒×28秒＝56段なので、
エスカレーターが止まっているとき、エスカレーターは全部で56段あることがわかる。
もともと自分が歩く速さは、20秒で16段のぼることから、16段÷20秒＝0.8段／秒であった。
1.5倍の速さで歩きながら上がると、
（エスカレーターが進む速さ2段／秒＋自分が歩く速さ0.8段／秒×1.5倍）×?秒＝エスカレーター全体56段
?　＝　56÷（2＋1.2）＝56÷3.2　＝17.5
自分が歩く速さを1.5倍にして上がると、17.5秒かかる。
このように、流れる川を上り下りする船の速さを求めるように、動くものに乗って上り下りするときの速さを求める考え方を、流水算という。

答え | 17.5秒

つるかめ算

赤ちゃんの粉ミルク大缶 820g 入りを 5 缶買った。

専用スプーン 1 さじで 2.6g の粉ミルクをはかり、お湯を足すと 20mL 分のミルクができあがる。

1 日目は、1 日 6 回、ほ乳びんで 1 回 140mL のミルクを飲ませ、2 日目以降もしばらく同量を続けた。

成長にともない、ある日から 1 日 6 回、1 回 160mL にミルク量を増やし、その量を続けた。

35 日目に 1 日 6 回飲み終えたところで、4 缶は空で、1 缶は 44g 残っていた。

初めて 1 回 160mL にミルク量を増やしたのは、何日目か？

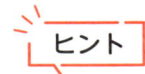

ヒント

粉ミルクの面積図を書いてみよう。

考え方

粉ミルクは全部で、（820g × 5 缶 − 44g）÷ 1 さじ 2.6g
＝（4100 − 44）÷ 2.6 ＝ 4056 ÷ 2.6 ＝ 1560 さじ、使った。
1 日 6 回、1 回 140mL（7 さじ）の日は、6 × 7 ＝ 42 さじ使う。
1 日 6 回、1 回 160mL（8 さじ）の日は、6 × 8 ＝ 48 さじ使う。

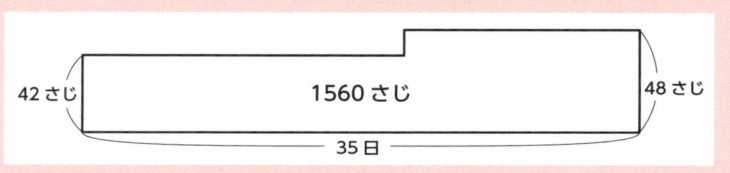

もし 35 日すべて 1 日 42 さじ使うとしたら、
1 日 42 さじ× 35 日＝ 1470 さじの粉ミルクが必要となる。
実際は 1560 さじ使ったので、
その差は 1560 さじ− 1470 さじ＝ 90 さじで、
1 日あたり（48 さじ− 42 さじ）の差×ミルクを増やした日数
＝ 90 さじ、となる。
ミルクを増やした日数＝ 90 ÷（48 − 42）＝ 90 ÷ 6 ＝ 15
1 日 42 さじの日は、35 日− 15 日＝ 20 日なので、1 日目〜
20 日目。1 日 48 さじの日は、21 日目〜 35 日目。

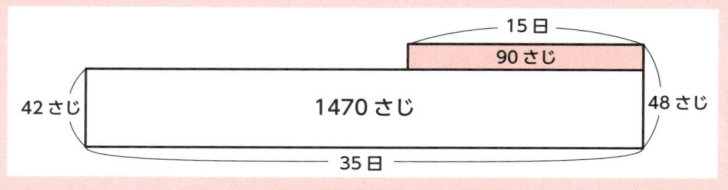

このように、つるとかめの頭の合計・足の合計から、つるとかめ
の数を求めるように、合計数からそれぞれの数を求める考え方を、
つるかめ算という。

　**21 日目**

124

3段つるかめ算

お財布の小銭を整理すると、5円玉、50円玉、100円玉があわせて19枚入っていて、合計1085円だった。50円玉と100円玉の枚数は1：3であった。5円玉は何枚入っていたか？

ヒント

小銭の面積図を書いてみよう。

考え方

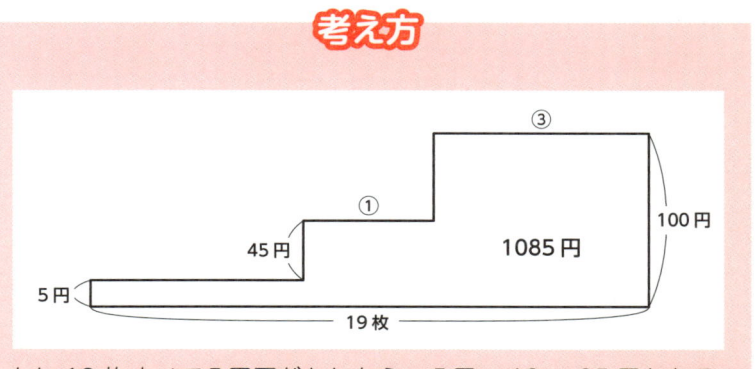

もし19枚すべて5円玉だとしたら、5円×19＝95円となる。
面積図でその95円分を切り落として考える。

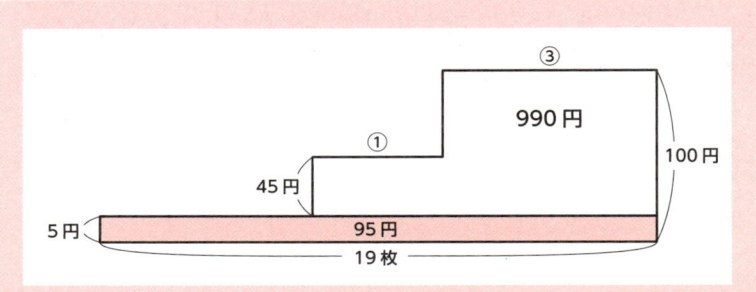

1085 円－ 95 円＝ 990 円にあたる面積図に注目すると、3 段つるかめ算が 2 段つるかめ算になる。

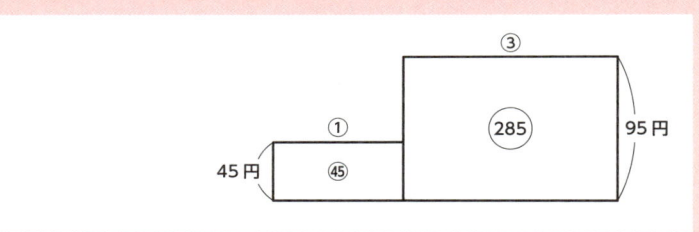

①× 45 円の面積：③× 95 円の面積＝㊺：㉘⑤

合計 990 円を 45：285 ＝ 15 × 3：15 × 19 ＝ 3：19 で分けると、㊺に相当する面積は 990 × $\frac{3}{3+19}$ ＝ 135 円。

①＝ 135 円÷ 45 円＝ 3、③＝ 9、であることから、50 円玉は 3 枚、100 円玉は 9 枚だとわかる。

5 円玉は、19 枚－ 3 枚－ 9 枚＝ 7 枚。

たしかに、5 円玉× 7 枚＋ 50 円玉× 3 枚＋ 100 円玉× 9 枚＝ 35 円＋ 150 円＋ 900 円＝ 1085 円になる。

答え **7枚**

取り違え算

 **算数クイズ**

大人と子どもが集まって、ハロウィンパーティーをする。
大人用に 480 円のケーキ、子ども用に 250 円のシュー
クリームを人数分買ってくるよう頼んで 5340 円渡した。
しかし、間違えてケーキとシュークリームの数を逆にし
て買ってしまい、460 円余った。子どもは何人いるか？

ヒント

まず、大人と子どもが合わせて何人いるか、求めてみよう。

考え方

大人が〇人、子どもが△人いる場合、
480 円×〇＋ 250 円×△＝ 5340 円。

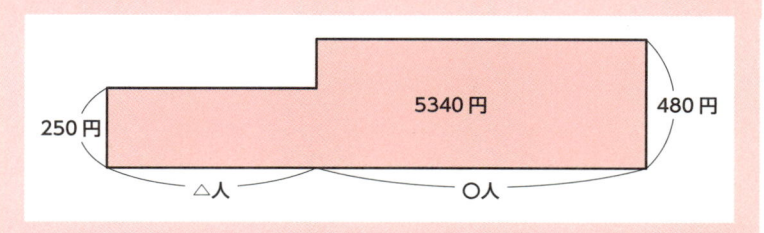

間違えて買ったとき、
480 円×△＋ 250 円×〇＝ 5340 円－ 460 円＝ 4880 円。

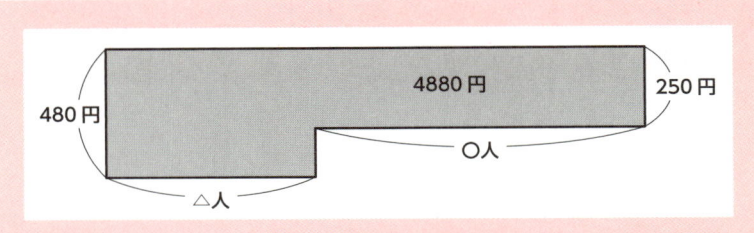

2つの図をジグソーパズルのように、ぴったりくっつける。

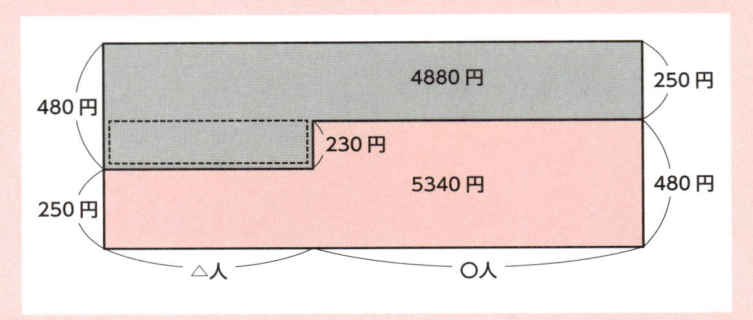

（480 円＋ 250 円）×（○＋△）＝ 4880 円＋ 5340 円
（○＋△）＝ 10220 円÷ 730 円＝ 14 より、大人と子どもは合わせて 14 人。あとは通常のつるかめ算で解ける。
もし 14 人全員に 480 円のケーキを買うなら、480 円× 14 ＝ 6720 円が必要になるが、実際は 5340 円渡したので、
子ども 1 人あたり（480 円－ 250 円）の差 × 子ども△人 ＝ 6720 円－ 5340 円が上図点線部分の面積となる。
△＝ 1380 円÷ 230 円＝ 6 より、子どもは 6 人いて、大人は 14 － 6 ＝ 8 人いることがわかる。
このように、数を逆にして買ったとき、それぞれの数を求める考え方を、取り違え算という。

 答え　6人

いもづる算

算数クイズ

1個 120 円のマドレーヌと、1個 300 円のマカロンを組み合わせて、3000 円の詰め合わせギフトを買いたい。マドレーヌとマカロンの買い方は何通りあるか？
ただし、どちらも1個以上は買うものとする。

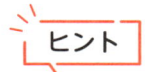

120 ×〇＋ 300 ×△＝ 3000、となる〇と△の組み合わせを見つけよう。

考え方

120 円のマドレーヌと、300 円のマカロンを組み合わせて、3000 円にするから、

マドレーヌを○個、マカロンを△個買うとすると、

$120 \times ○ + 300 \times △ = 3000$、となる。

60 で割って簡単な形になおすと、$2 \times ○ + 5 \times △ = 50$、となる。

△が最大となるのは△＝10 のときで、$2 \times 0 + 5 \times 10 = 50$ より○＝0 となるが、○は 1 以上なので除外される。

マドレーヌ 5 個とマカロン 2 個は同じ値段なので、マドレーヌ 5 個とマカロン 2 個を交換することを考える。

○＝0、△＝10 の選び方から、○を 5 増やし△を 2 減らすと、○＝5、△＝8 となり、$2 \times 5 + 5 \times 8 = 50$、が成立する。

同様に、○を 5 増やし、△を 2 減らすことを繰り返すと、買い方は以下の 4 通りであることがわかる。

○	△	$2 \times ○ + 5 \times △ = 50$
5	8	$2 \times 5 + 5 \times 8 = 10 + 40 = 50$
10	6	$2 \times 10 + 5 \times 6 = 20 + 30 = 50$
15	4	$2 \times 15 + 5 \times 4 = 30 + 20 = 50$
20	2	$2 \times 20 + 5 \times 2 = 40 + 10 = 50$

このように、つるかめ算のうち条件が足りず答えが複数ある場合、答えをしぼって次々といもづる式に見つける考え方を、いもづる算という。

 **答え**　　**4通り**

弁償算

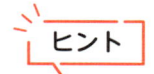

算数クイズ

すごろくゲームで、サイコロを振って偶数の目が出たら3マス進み、奇数の目が出たら2マス戻るルールとする。サイコロを20回振って、25マス進んだ。奇数の目は何回でたか？

ヒント

1回偶数出すときと、1回奇数出すときでは、何マスの差がひらくか考えよう。

考え方

面積図：ア－イ＝25

ア　＋3マス

20回

－2マス　イ

もし20回全て偶数が出たとすると、3マス×20回＝60マス進む。
1回偶数が出るところを1回奇数に置き換えると、3マス進むはずが2マス戻るので5マスの差がひらく。
何回か偶数を奇数に置き換えると、60マス－25マス＝35マスの差がひらくことになる。
奇数が出た回数は、35マス÷5マス＝7回と求められる。

面積図：（ア＋ウ）－（イ＋ウ）＝25

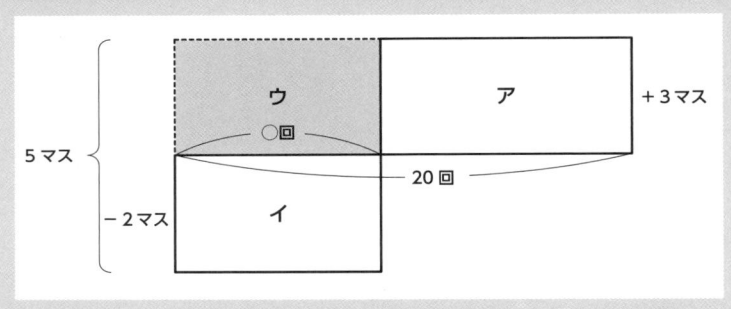

面積図で考えると、（ア＋ウ）－（イ＋ウ）＝25になることに注目して○回を求めるのと同じである。

$$20回×3マス－○回×5マス＝25マス$$
$$60 －○×5＝25$$
$$○×5＝35$$
$$○＝7$$

このように、つるかめ算にマイナスが出てくる場合、物を無事に運べたらお金がもらえて、壊したら弁償するときの考え方に似ていることから、弁償算という。

 **7回**

仕事算

ある個数のギョウザの皮を包むのに、父は 36 分かかり、子は 45 分かかる。

父と子が一緒にやって包み終える時間と、母が 1 人で包み終える時間は、同じだった。

父・母・子の 3 人が一緒にやると、包み終えるのに何分かかるか？

 ヒント

ギョウザを何個作るか、数を仮定してみよう。

ある個数のギョウザの皮を包むのに、父は 36 分、子は 45 分かかるので、ギョウザの総数を、仮に 36 と 45 の最小公倍数とする。
36 ＝ 2 × 2 × 3 × 3、45 ＝ 3 × 3 × 5、なので、最小公倍数は 2 × 2 × 3 × 3 × 5 ＝ 180。

父は 180 個÷ 36 分＝毎分 5 個、子は 180 個÷ 45 分＝毎分 4 個のギョウザを包む。

父・子が一緒にやると、1 分あたり毎分 5 ＋ 4 ＝ 9 個のギョウザが包めて、これは母が包む速さと同じ。

母は毎分 9 個のギョウザを包むことがわかる。

父・母・子が一緒にやると、毎分 5 ＋ 4 ＋ 9 ＝ 18 個のギョウザが包めるので、

ギョウザの総数 180 個÷毎分 18 個＝ 10 分、で包み終わる。

このように、仕事を何人かでやる時にかかる時間を求める考え方を、仕事算という。

10 分

ニュートン算

お祭りの初日、わたあめの屋台には、開始時刻に 30 人が並び、開始後は毎分 2 人が行列に加わった。

わたあめ機を 2 台使って売り、行列は 30 分でなくなった。

お祭りの 2 日目、わたあめの屋台には、開始時刻に 36 人が並び、開始後は毎分 3 人が行列に加わった。

同じわたあめ機を 3 台使って売ると、行列は何分でなくなるか？

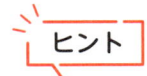

ヒント

行列が増える一方で、行列がさらに減るとき、全体で毎分何人が減っているか考えよう。

考え方

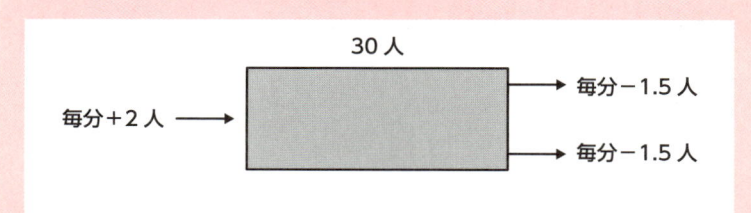

初日、30 人いた行列が 30 分でなくなったことから、
全体で 30 人 ÷ 30 分＝毎分 1 人減っていた。
行列には毎分 2 人が増えて、みかけ上は毎分 1 人減ったことから、
毎分 3 人に売ったことがわかる。
わたあめ機 2 台で毎分 3 人に売ったので、わたあめ機 1 台では
毎分 3 ÷ 2 ＝ 1.5 人に売れる。

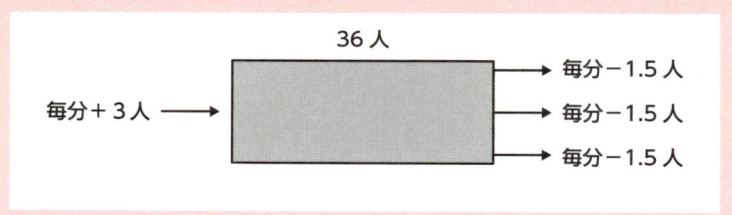

 2 日目、わたあめ機が 3 台になると、毎分 1.5 × 3 ＝ 4.5 人に売れる。
行列には毎分 3 人が増えて、毎分 4.5 人に売るので、
全体で毎分 4.5 － 3 ＝ 1.5 人減る。
36 人いた行列が毎分 1.5 人ずつ減るので、36 人÷毎分 1.5 人＝
$36 ÷ \frac{3}{2} = 36 × \frac{2}{3} = 24$ 分で行列がなくなる。
このように、最初に一定量があって、そこから一方で増え、同時
に一方で減る状況に関する算数を、ニュートン算という。

 **答え**　**24 分**

２進法①

> **算数クイズ**

UFO キャッチャーで、16、8、4、2、1と書かれた５個のカプセルを取ろうと５回チャレンジした。

取ることができたら１、取ることができなかったら０、と表す。

【　】内に左から順に 16、8、4、2、1のカプセルが取れたかどうかを０か１かで表すことにし、取れたカプセルにかかれた数の合計を計算する。

例えば、16と２が取れた場合、

【１００１０】＝ 16 ＋ 2 ＝ 18、となる。

【 ? ? ? ? ? 】 ＝ 30、となるとき、 ? に入る数は何か？

> 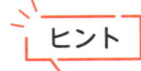 **ヒント**

16、8、4、2、1のうち、足すと 30 になる組み合わせを探そう。

30 − 16 = 14
14 − 8 = 6
 6 − 4 = 2
よって、30 = 16 + 8 + 4 + 2 と求められるので、
【1 1 1 1 0】= 30 である。
このように、0と1だけで数を表す考え方を、2進法という。

 11110

２進法②

コンピュータの IP アドレスは、32 個並ぶ０と１の組み合わせで扱う。

例：10010111 11010101 00101011 0110****

32 個の並びを８個ずつ区切って、８個の並びを０〜255 までの数に置き換え、

0.0.0.0 から 255.255.255.255 まで表示される。

８個の並びは、左から 128、64、32、16、8 、4 、2 、1 が０個か１個かを意味していて、それらを足した合計に置き換えて表示されるしくみである。

この IP アドレスの一番左の８個の並び「10010111」は、０〜 255 までのどの数に置き換えて表示されるか？

８個の並びが「11111111」の場合、128 ＋ 64 ＋ 32 ＋ 16 ＋8 ＋ 4 ＋ 2 ＋ 1 ＝ 255、と置き換えられる。

「10010111」を置き換えると、

128 + 0 + 0 + 16 + 0 + 4 + 2 + 1 = 151、と表される。

「10010111」のように、0と1だけを使う数の表し方を2進法という。

一方、「151」のように、0から9まで使う数の表し方を10進法という。

 151

数しりとり

ある規則性にしたがって、数のしりとりをする。

数しりとりでは、前の数の一の位と、後の数の百の位が、同じ数になるようにする。

987→712→267→742→238→816→

| ? | →812→278→854→430

| ? | に入る3桁の数は何か？

前の数の百の位と十の位によって、後の数の十の位と一の位が決まる。

ABC → CDE と数しりとりをするとき、
D ＝ A と B の差
E ＝ A × B の一の位
というルールになっている。

８１６→CDE
C：８１６の一の位と同じ数なので、C＝ 6
D：8と1の差なので、D＝ ８ － １ ＝ ７
E：8×1の一の位なので、E ＝ 8
　｜　？　｜＝６７８

 答え　　　６７８

約数

算数クイズ

391 と 437 に共通する、1 以外の約数は何か？

 ヒント

391 ＝○×△
437 ＝○×□
391 と 437 は、どの数で割り切れるか探そう。

2つの数に共通する1以外の約数○があるとき、2つの数を大きい順に○×△、○×□と表すとする。

2つの数の差は○×△－○×□＝○×（△－□）となり、差の数も必ず○で割り切れるので、差の数にも同じ約数が存在する。

391 と 437 に共通する約数があるなら、

差の数 437 － 391 ＝ 46 にも同じ約数が存在するはずである。

46 ＝ 2 × 23 より、46 の約数は、1、2、23、46 である。

まず、2、23、46 が 391 の約数であるか調べる。

391 は奇数なので、391 は 2 でも 46 でも割り切れない。

391 ÷ 23 ＝ 17 なので、23 は 391 の約数であることがわかる。

391 ＝ 17 × 23 より、391 の約数は、1、17、23、391 である。

46 と 391 に共通する 1 以外の約数は、23 のみである。

続いて、23 が 437 の約数であるか調べる。

437 ÷ 23 ＝ 19 なので、23 は 437 の約数であることがわかる。

437 ＝ 19 × 23 より、437 の約数は、1、19、23、437 である。

したがって、391 と 437 に共通する 1 以外の約数は、23 である。

 答え　23

倍数

たて６cm、よこ９cm、高さ 10cm の直方体の積み木を
しきつめて立方体を作るとき、積み木は少なくとも何個
必要か？

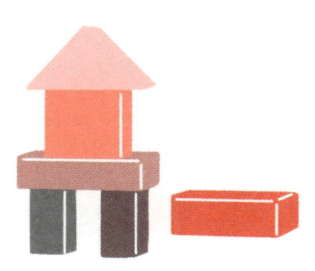

一番小さな立方体の一辺は、何 cm になるか考えよう。

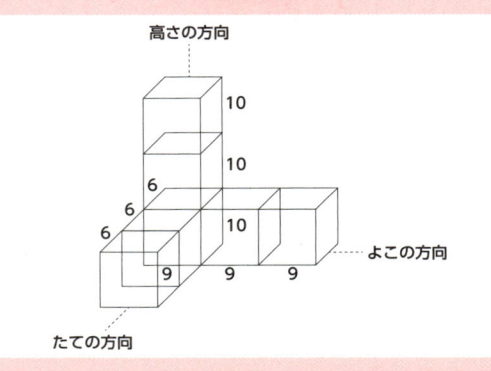

たての方向に〇個の積み木を並べると、たては 6 cm ×〇となる。
よこの方向に△個の積み木を並べると、よこは 9 cm ×△となる。
高さの方向に□個の積み木を並べると、高さは 10cm ×□となる。
しきつめて立方体になるとき、たて・よこ・高さの長さが等しく
なり、一辺は 6 cm ×〇= 9 cm ×△= 10cm ×△と表される。
立方体の一辺の長さは、6 の倍数であり、9 の倍数であり、10
の倍数である。

一番小さな立方体の一辺の長さは、6 と 9 と 10 の最小公倍数に
なる。

6 = 2 × 3 、9 = 3 × 3 、10 = 2 × 5 、なので、最小公倍数は
2 × 3 × 3 × 5 = 90。
たての方向に並べる積み木の数は、90cm ÷ 6 cm = 15 個。
よこの方向に並べる積み木の数は、90cm ÷ 9 cm = 10 個。
高さの方向に並べる積み木の数は、90cm ÷ 10cm = 9 個。
一番小さな立方体を作るのに必要な積み木の数は、
15 × 10 × 9 = 1350 個。

 **答え**　　1350 個

146

概数

ある整数 A は、6 で割り切れる。
この整数 A を 55 で割った答えを小数第二位で四捨五入
すると、3.5 になる。
整数 A はいくつか？

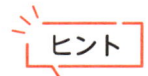

ある整数 A の範囲をしぼろう。

小数第二位で四捨五入すると 3.5 になる数の範囲は、3.45 以上 3.55 未満。

この範囲を 55 倍すると、189.75 以上 195.25 未満。

ある整数 A は、190、191、192、193、194、195 のどれかである。

$192 \div 6 = 32$ より、この中で6の倍数となるのは、192 のみ。

このように、四捨五入などによってだいたいの数を求めるとき、おおまかな数を概数という。

 192

単位換算

算数クイズ

バスに12分乗り、徒歩で10分歩き、電車に7分乗って、待ち合わせ場所に到着した。

平均速度は、バスが分速200m、徒歩が秒速150cm、電車が時速36kmである。

待ち合わせ場所まで移動した距離は、何kmか？

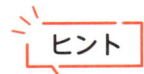 ヒント

1時間＝60分、1分＝60秒、1km＝1000m、
1m＝100cm、の単位換算をしよう。

考え方

バスでは、分速 200m × 12 分= 2400m 移動した。

徒歩では、秒速 150cmで 10 分歩いたので、

秒速 1.5m（分速 1.5 × 60 = 90 m）× 10 分= 900m 移動した。

電車では、時速 36km で 7 分移動したので、

時速 36000m（分速 36000 ÷ 60 = 600m）× 7分= 4200m
移動した。

移動距離の合計は、

2400m + 900m + 4200m = 7500m = 7.5km

 **答え** 　 7.5km

第5章

高みを目指す

確率

ある飲食店で、お客さんがサイコロを同時に 2 つ振って出た目によって、ドリンクの価格が変わるというメニューがある。

2 つとも同じ数のゾロ目が出れば、ドリンク 1 杯無料。

合計が偶数（ゾロ目以外）なら、ドリンク 1 杯が 200 円。

合計が奇数なら、ドリンク 1 杯が 800 円。

挑戦して、1 回目は無料、2 回目は 200 円、3 回目は 800 円となる確率はどれくらいか？

分数で答えよう。

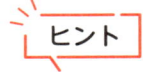

ゾロ目、合計が偶数（ゾロ目以外）、合計が奇数、の確率をそれぞれ求める。

１つめのサイコロが１〜６のどの目だとしても、

ゾロ目になるのは、２つめのサイコロが１つめのサイコロと同じ数になる場合で $\frac{1}{6}$ 。

合計が奇数になるのは、２つめのサイコロと１つめのサイコロの偶奇が異なる場合で $\frac{1}{2}$ 。

合計が偶数（ゾロ目以外）になるのは、

残りの $1 - \frac{1}{6} - \frac{1}{2} = \frac{6-1-3}{6} = \frac{2}{6} = \frac{1}{3}$

したがって、求める確率は、$\frac{1}{6} \times \frac{1}{2} \times \frac{1}{3} = \frac{1}{36}$

〈別の考え方〉

サイコロを２つ振るとき、出る目は $6 \times 6 = 36$ 通り。

ゾロ目になるのは、１と１、２と２、３と３、４と４、５と５、６と６、の６通り。

合計が奇数になるのは、偶数＋奇数の場合で、

（１と２、１と４、１と６）（２と１、２と３、２と５）（３と２、３と４、３と６）（４と１、４と３、４と５）（５と２、５と４、５と６）（６と１、６と３、６と５）の $6 \times 3 = 18$ 通り。

合計が偶数（ゾロ目以外）になるのは、残りの $36 - 6 - 18 = 12$ 通り。

$\frac{6}{36} \times \frac{18}{36} \times \frac{12}{36} = \frac{1}{6} \times \frac{1}{2} \times \frac{1}{3} = \frac{1}{36}$

 答え $\dfrac{1}{36}$

分配算

運動会の玉入れに、A チーム・B チーム・C チームが参加した。

B チームの玉の数は、A チームの玉の数の半分より 3 個多かった。

C チームの玉の数は、A チームの 2 倍より 4 個少なかった。

入った玉は 3 チーム合わせて 90 個だった。

優勝した C チームの玉の数は、いくつか？

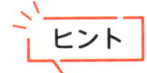

ヒント

線分図を書いて考える方法もある。

玉の数を線分図で表す。A チームの玉の数を②とおく。

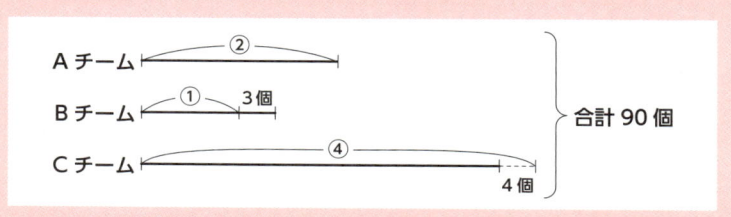

B チームの 3 個を引いて、C チームの 4 個を足すと、線分図は次のように変わり、合計は 90 − 3 + 4 = 91 個となる。

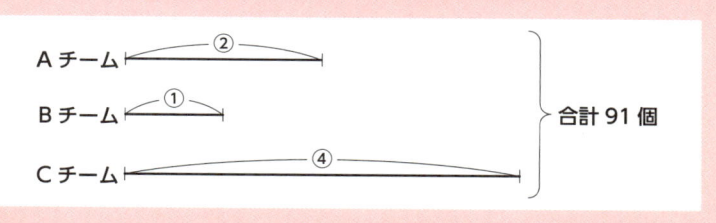

線分図において、②＋①＋④＝ 91 個となる。⑦＝ 91 個なので、①＝ 91 ÷ 7 ＝ 13 個にあたることがわかる。

A チームの玉の数は、②＝ 13 個×2 ＝ 26 個。

B チームの玉の数は、①＋ 3 個＝ 13 個＋ 3 個＝ 16 個。

C チームの玉の数は、④− 4 個＝ 13 個×4 − 4 個
$$= 52 個 − 4 個 = 48 個。$$

3 チームあわせると、合計 26 個＋ 16 個＋ 48 個＝ 90 個。

この問題は、90 個の玉を 3 つのチームに分配するのと同じシチュエーションである。

このように、数を分配するとき、分け方から配った数を求める考え方を、分配算という。

 **答え** 48 個

投票算

小学校の 50 人クラスで、学級委員 3 人を決める投票をすることになり、6 人が立候補した。

クラス全員が 1 人 1 票投票したが、まだ開票していない。

少なくとも何票集まれば、当選確実か？

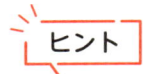

最も接戦になる場合を想定してみる。

考え方

最も接戦で、なんとか僅差でギリギリ当選する場合を考える。

立候補者4人にまんべんなく票が集中し、残りの立候補者2人は0票のとき、4位の人が追い上げて脅威になるので、最も厳しい状況となる。

4位より1票でも多ければ当選できる。

クラスは50人なので、50票÷4＝12票 余り2より、1位と2位が13票、3位と4位が12票となることがあり、12票だと当選できない。

4位は最大12票なので、それよりも1票多い13票とれば、必ず当選する。

このように、投票をおこなうとき当選確実の票数を求める考え方を、投票算という。

当選確実の票数＝［全部の票数÷（当選人数＋1）の商］＋1、で求められる。

 **答え**　　**13 票**

のべ算

ある日の 9 時〜 12 時まで、子ども広場で巨大トランポリンのエア遊具が開放された。

トランポリンは 1 回の定員が 15 人で、5 分で交代する。この日は、すべての回で満員だった。

1 人 3 回まで参加でき、1 回参加した人は 78 人、2 回参加した人は 120 人だった。

3 回参加した人は何人いたか？

トランポリンで、のべ何人が遊べるか、考えよう。

9時〜12時までの3時間＝180分で、5分ごとに入れ替わるので、トランポリンが使えるのは、

180分÷1回5分＝36回。

1回の定員が15人なので、36回で受け入れられる人数は、

1回15人×36回＝540人。

同じ人が2回参加する場合、のべ2人、同じ人が3回参加する場合、のべ3人と数える。

1回参加した78人と、2回参加した120人を合わせると、

78人＋120人×2＝のべ318人。

残りは、540人－318人＝222人。

3回参加した人数×3＝のべ222人、となるので、3回参加した人数は、222人÷3＝74人。

このように、同じ人が何度も参加するとき、全体を「のべ」の量で求める考え方を、のべ算という。

 **答え** 74人

やりとり算

トランプの山から、4人がそれぞれ好きな枚数のトランプをとったら、4人とも異なる枚数になった。

そこで、1人目が2人目に8枚あげて、2人目が3人目に4枚あげて、3人目が4人目に6枚あげて、4人目が1人目に3枚あげると、4人とも13枚になった。

最初、最も多くのトランプをとった人は何枚とったか？

ヒント

4人が持っているカードの枚数の変化を追ってみよう。

考え方

1人目：8枚あげて3枚もらったので、－8枚＋3枚＝－5枚の変化。
　　　　最初とった枚数－5枚＝13枚なので、最初は13＋5＝
　　　　18枚。
2人目：4枚あげて8枚もらったので、－4枚＋8枚＝＋4枚の変化。
　　　　最初とった枚数＋4枚＝13枚なので、最初は13－4＝9枚。
3人目：6枚あげて4枚もらったので、－6枚＋4枚＝－2枚。
　　　　最初とった枚数－2枚＝13枚なので、最初は13＋2＝
　　　　15枚。
4人目：3枚あげて6枚もらったので、－3枚＋6枚＝＋3枚。
　　　　最初とった枚数＋3枚＝13枚なので、最初は13－3＝
　　　　10枚。

最初、最も多くのトランプをとったのは、1人目で18枚だとわかる。
最後からさかのぼって、4人の枚数の変化を追う考え方もある。

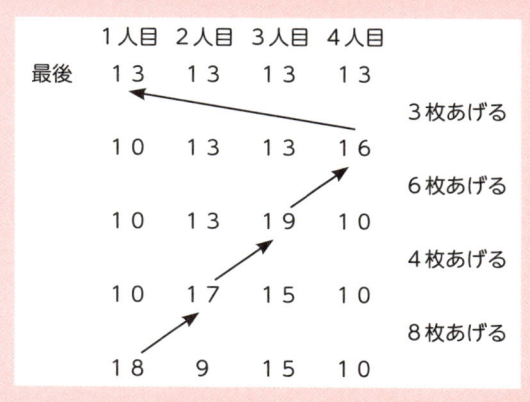

	1人目	2人目	3人目	4人目	
最後	13	13	13	13	
					3枚あげる
	10	13	13	16	
					6枚あげる
	10	13	19	10	
					4枚あげる
	10	17	15	10	
					8枚あげる
	18	9	15	10	

このように、物の受け渡しをするときに、数の変化を追う考え方
を、やりとり算という。

答え　　**18枚**

反比例

冷凍食品のパッケージに、電子レンジの加熱時間は600W（ワット）で約8分と表示されている。

500W の電子レンジを使う場合、適切な加熱時間は次のうちどれか？

①約8分40秒　②約9分40秒　③約10分40秒

ただし、電子レンジのワット数と加熱時間には、反比例の関係がある。

ヒント

A が2倍になれば、B は $\frac{1}{2}$ 倍になる。A が3倍になれば、B は $\frac{1}{3}$ 倍になる。この関係を反比例という。

A と B が反比例の関係にあるとき、A × B は一定となる。

ワット数×加熱時間が一定となるので、

$600W × (8 × 60)$ 秒 $= 500W × \boxed{?}$ 秒

$$\boxed{?} = 600 × 8 × 60 ÷ 500$$
$$= 6 × 8 × 60 ÷ 5$$
$$= 6 × 8 × 12$$
$$= 48 × 12$$
$$= (50 - 2) × 12$$
$$= 600 - 24 = 576$$

576 秒 $= (60 × 9 + 36)$ 秒
$$= 9 分 36 秒$$
$$≒ 9 分 40 秒$$

②約9分40秒

連比

400m コースを３兄弟でかけっこする。

スタート地点から同時に走り出し、長男が最初にゴール
した時、次男は 100 m後ろ、三男は 150m 後ろにいた。
３兄弟が同時にゴールするためには、長男と次男はそれ
ぞれ何m後ろから同時にスタートすればよいか？

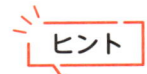
ヒント

３兄弟の走る速さの比を求めよう。

考え方

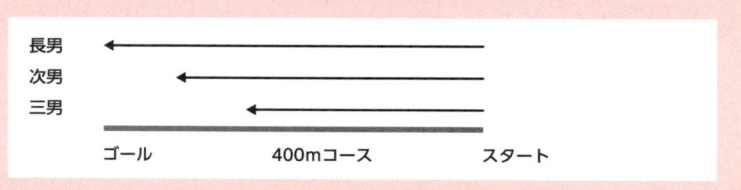

400m コースのスタート地点を同時に走り出してから、長男が
ゴールする瞬間までに三兄弟が進んだ距離は、

長男：次男：三男＝ 400m：(400m － 100m)：(400m － 150m)
＝ 400：300：250 ＝ 8：6：5である。

よって、三兄弟の走る速さの比は、8：6：5だとわかる。

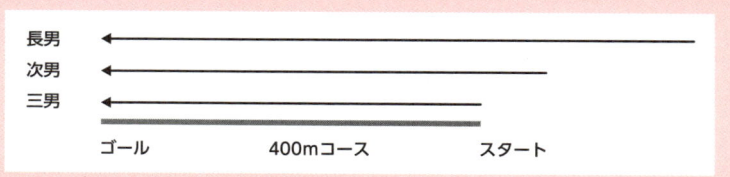

走る距離を変えて、三兄弟が同時にゴールする場合、三兄弟が進
む距離は、

長男：次男：三男＝○：△：400m ＝ 8：6：5になる。

○＝ 400 m ÷ 5 × 8 ＝ 640m

△＝ 400m ÷ 5 × 6 ＝ 480m

長男は、640m 走るので、640 － 400 ＝ 240m 後ろからスター
トすればよい。

次男は、480m 走るので、480 － 400 ＝ 80m 後ろからスター
トすればよい。

このように、○：○：○のように表される3つ以上の数の比を、
連比という。

　長男：240m、次男：80m

逆比

算数クイズ

円の半径が１：２：３である３個の円柱グラスがあり、
すべて同じ容積である。
３個の円柱グラスの高さの和は、49cm であった。
最も高い円柱グラスは、高さ何 cm か？

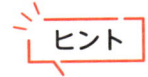

ヒント

３個の円柱グラスの高さの比を求めよう。

円の面積＝半径×半径×円周率 3.14 で求められる。

円の半径比が１：２：３なので、

円の面積比は１×１：２×２：３×３＝１：４：９である。

円柱の容積＝底面積×高さで求められるが、円柱の容積は一定である。

底面積の比が１：４：９のとき、高さの比は $\frac{1}{1} : \frac{1}{4} : \frac{1}{9}$

$= \frac{36}{36} : \frac{9}{36} : \frac{4}{36} = 36 : 9 : 4$ となる。

円柱グラスの高さの和は 49cm なので、最も高い円柱グラスは、

$49\text{cm} \times \frac{36}{36+9+4} = 36\text{cm}$。

このように、数 A に対して $\frac{1}{A}$ を A の逆数とよび、数 A と数 B に対して逆数の比 $\frac{1}{A} : \frac{1}{B} = \frac{B}{A \times B} : \frac{A}{A \times B} = B : A$ を逆比という。

数 A、数 B、数 C の逆比は、$\frac{1}{A} : \frac{1}{B} : \frac{1}{C}$

$= \frac{B \times C}{A \times B \times C} : \frac{A \times C}{A \times B \times C} : \frac{A \times B}{A \times B \times C}$

$= B \times C : A \times C : A \times B$ である。

 **答え** | **36cm**

歩幅と歩数

夫婦でウォーキングコースを同時にスタートした。
夫が 5 歩で進む距離を、妻は 6 歩で進む。夫が 8 歩進む間に、妻は 9 歩進む。
妻がゴールした時には、夫はすでにゴールした後 20 歩進んでいた。妻はゴールするまでに、何歩進んだか？

ヒント

1 歩で進む歩幅の比と、同じ時間に進む歩数の比から、速さ（同じ時間に進む距離）の比が求められる。

考え方

夫が 5 歩で進む距離を、妻は 6 歩で進むことから、1 歩で進む歩幅の比は、逆比となり、夫：妻＝ 6：5。
夫が 8 歩進む間に、妻は 9 歩進むことから、同じ時間に進む歩数の比は、夫：妻＝ 8：9。
つまり、同じ時間で、夫は歩幅 6 で 8 歩進み、妻は歩幅 5 で 9 歩進むので、
速さ（同じ時間に進む距離）の比は、夫：妻＝ 6 × 8：5 × 9
＝ 48：45 ＝ 3 × 16：3 × 15 ＝ 16：15。

〈距離のグラフ〉

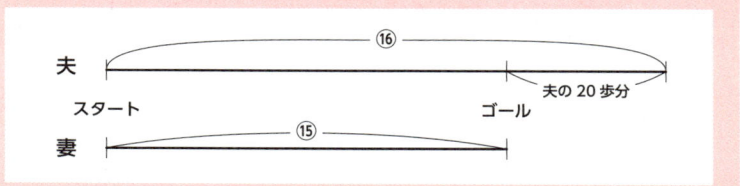

⑯－⑮＝①の距離が、夫の 20 歩分に相当するので、夫が進んだ歩数は、夫の 20 歩分×⑯＝ 320 歩である。
同じ時間に進む歩数の比は、夫：妻＝ 8 ： 9 なので、妻が進んだ歩数は 320 歩÷ 8 × 9 ＝ 360 歩とわかる。
または、夫が 5 歩で進む距離を、妻は 6 歩で進むことから、
夫が 20 歩分×⑮＝ 300 歩で進む距離を、妻は 300 歩÷ 5 × 6 ＝ 360 歩で進む、と導くこともできる。
別の考え方：〈歩数のグラフ〉

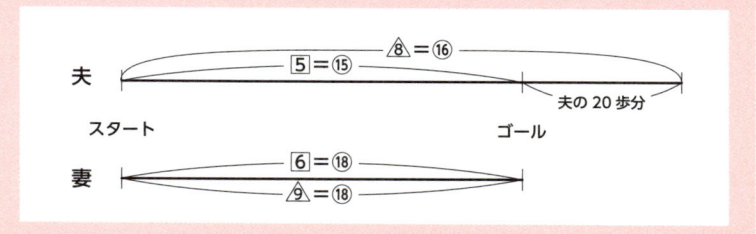

夫が 5 歩で進む距離を、妻は 6 歩で進むことから、ゴールまでの距離を進むときの歩数の比は、夫：妻＝⑤：⑥。
夫が 8 歩進む間に、妻は 9 歩進むことから、妻がゴールするまでの時間に進む歩数の比は、夫：妻＝△8：△9。
妻の⑥と△9を最小公倍数⑱にそろえると、夫の⑯－⑮＝①が 20 歩にあたるので、妻が進んだ歩数は⑱＝ 360 歩。

 答え　**360 歩**

あみだくじ

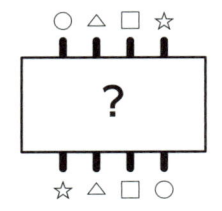

このあみだくじで上下同じマークをつなげるには、横の線は少なくとも何本必要か?

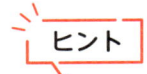

まず、上の〇と下の〇がつながるように、横の線を書き入れてみよう。

まず○を上下でつなげるために、横の線を3本足す。

次に☆を上下でつなげるために、横の線をさらに2本足す。

このように横の線を計5本足せば、△と□も上下でつながって、あみだくじが完成する。

 **答え**　　**5本**

三角数

娘が 1 歳になったら 1 万円、2 歳になったら 2 万円…というように、年齢と同じ数の 1 万円札を毎年の誕生日に貯金する。
貯金の合計額が初めて 200 万円をこえるのは、娘が何歳になった後か？
ただし、貯金は使わず減ることはないものとする。

ヒント

貯金額（万円）＝ 1 ＋ 2 ＋ 3 ＋ 4 ＋…＝？　を工夫して計算してみよう。

貯金の合計額は、1歳になったら1万円、2歳になったら1＋2＝3万円、3歳になったら1＋2＋3＝6万円、4歳になったら1＋2＋3＋4＝10万円、5歳になったら1＋2＋3＋4＋5＝15万円、と増えていく。

A歳になった後の貯金額は、1〜Aまでの和で求められる。

1〜Aまでの和は、	1	＋	2	＋	3	＋…＋	(A−2)	＋	(A−1)	＋	A	＝	?
順番を逆に書くと、	A	＋	(A−1)	＋	(A−2)	＋…＋	3	＋	2	＋	1	＝	?
2つの式を足すと、	(A＋1)	＋	(A＋1)	＋	(A＋1)	＋…＋	(A＋1)	＋	(A＋1)	＋	(A＋1)	＝	2×?

(A＋1)をA回足す

A ×（A ＋ 1）＝ 2 ×貯金額（万円）となる。

A ×（A ＋ 1）が 2 × 200 ＝ 400 を超えればよい。

20 × 20 ＝ 400 なので、その付近を調べてみる。

19 × 20 ＝ 380、20 × 21 ＝ 420、であり、A ＝ 20 すなわち20 歳のとき貯金額が初めて 200 万円を超える。

年齢：	1歳	2歳	3歳	4歳	
	○	○○	○○○	○○○○	…
貯金の合計額：	1万円	3万円	6万円	10万円	

このように、○を正三角形の形になるよう並べるとき、○を全て足した合計の数を、三角数という。

三角数：1、3、6、10、15、21、28、36、45、55、66、78、91、105、120、136、153、171、190、210・・・

A番目の三角数は、1〜Aまでの整数を全て足した和で求められる。

答え　**20 歳**

四角数

> **算数クイズ**

息子が 1 歳になったら 1 万円、3 歳になったら 3 万円・・・というように、年齢が奇数のときに限り、年齢と同じ数の 1 万円札を毎年の誕生日に貯金する。

貯金の合計額が初めて 200 万円をこえるのは、息子が何歳になった後か？

ただし、貯金は使わず減ることはないものとする。

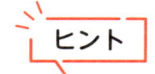

貯金額（万円）＝ 1 ＋ 3 ＋ 5 ＋ 7 ＋…＝？　を工夫して計算してみよう。

考え方

貯金の合計額は、1 歳になったら 1 万円、3 歳になったら 1 ＋ 3 ＝ 4 万円、5 歳になったら 1 ＋ 3 ＋ 5 ＝ 9 万円、7 歳になったら 1 ＋ 3 ＋ 5 ＋ 7 ＝ 16 万円、9 歳になったら 1 ＋ 3 ＋ 5 ＋ 7 ＋ 9 ＝ 25 万円、と増えていく。

A回貯金した後の貯金額は、1〜A番目までの奇数を全て足した和で求められる。

奇数の和は、	1	+	3	+…+	（2×A−3）	＋（2×A−1） ＝ ?
順番を逆に書くと、	（2×A−1）	＋（2×A−3）	+…+	3	+	1 ＝ ?
2つの式を足すと、	（2×A）	+ （2×A）	+…+	（2×A）	+	（2×A） ＝ 2×?

（2×A）をA回足す

A×（2×A）＝2×貯金額（万円）より、A×A＝貯金額（万円）となる。

A×Aが200を超えればよい。

15×15＝225なので、その付近を調べてみる。

14×14＝196、15×15＝225、であり、A＝15すなわち15番目の奇数＝2×15−1＝29歳のとき貯金額が初めて200万円を超える。

順番：	1番目	2番目	3番目	4番目
年齢：	1歳	3歳	5歳	7歳
	○	○○ ○○	○○○ ○○○ ○○○	○○○○ ○○○○ ○○○○ ○○○○
貯金の合計額：	1万円	4万円	9万円	16万円

このように、○を正方形の形になるよう並べるとき、○を全て足した合計の数を、四角数という。

四角数：1、4、9、16、25、36、49、64、81、100、121、144、169、196、225・・・

A番目の四角数は、1〜A番目までの奇数を全て足した和で求められ、平方数A×Aとなる。

 **答え** 　29歳

五角数

めいが1歳になったら1万円、4歳になったら4万円・・・
というように、1歳から3年ごとに、年齢と同じ数の
1万円札を毎年の誕生日に貯金する。
めいが22歳になった後、貯金の合計額はいくらになる
か？
ただし、貯金は使わず減ることはないものとする。

 ヒント

貯金額（万円）＝1＋4＋7＋10＋…＝？　を工夫して計算し
てみよう。

考え方

貯金の合計額は、1歳になったら1万円、4歳になったら1＋4＝5万円、7歳になったら1＋4＋7＝12万円、10歳になったら1＋4＋7＋10＝22万円、13歳になったら1＋4＋7＋10＋13＝35万円、と増えていく。

貯金する年齢は、1、4、7、10、13、16、19、22（歳）であり、公差3の等差数列（3ずつ増える数列）になっている。

貯金額は、	1	＋ 4	＋ 7	＋ 10	＋ 13	＋ 16	＋ 19	＋ 22	＝ ？
順番を逆に書くと、	22	＋ 19	＋ 16	＋ 13	＋ 10	＋ 7	＋ 4	＋ 1	＝ ？
2つの式を足すと、	23	＋ 23	＋ 23	＋ 23	＋ 23	＋ 23	＋ 23	＋ 23	＝ 2×？

23を8回足す

8 × 23 ＝ 2 ×貯金額（万円）より、

貯金額（万円）＝ 8 × 23 ÷ 2 ＝ 4 × 23 ＝ 92 となる。

順番：	1番目	2番目	3番目	4番目
年齢：	1歳	4歳	7歳	10歳
	○	○○○	○○○○○○	○○○○○○○○○○
貯金の合計額：	1万円	5万円	12万円	22万円

このように、○を五角形の形になるよう並べるとき、○を全て足した合計の数を、五角数という。

五角数：1、5、12、22、35、51、70、92・・・

A番目の五角数は、1番目の数が1、公差3の等差数列（3ずつ増える数式）を1〜A番目まで全て足した和で求められる。

答え　92万円

パスカルの三角形

```
        ①            …1 段目
       ① ①           …2 段目
      ① ② ①          …3 段目
     ① ③ ③ ①         …4 段目
```

このように、1 段目は 1 を書き、2 段目以降は両端に 1、
両端以外には左上と右上を足した数を書き込んでいく。
初めて 126 が登場する段において、横に並んだ数を全
て足すと、いくつになるか？

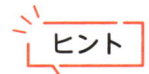
ヒント

126 が出てくるまで、数をどんどん書き込んでみよう。

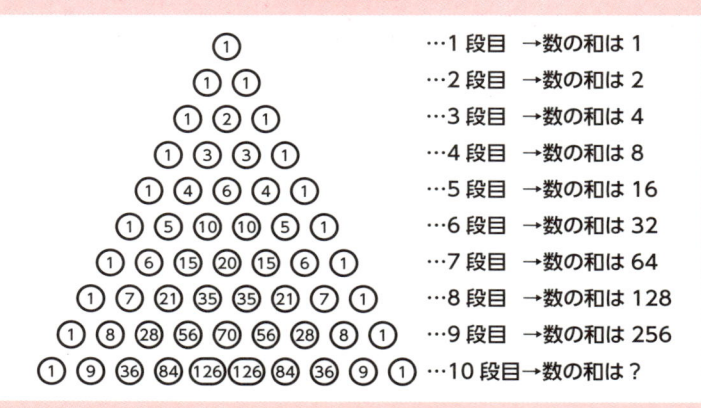

初めて 126 が登場する段は、10 段目である。
10 段目の数を全て足すと、
$1 + 9 + 36 + 84 + 126 + 126 + 84 + 36 + 9 + 1$
$= (1 + 9 + 36 + 84 + 126) \times 2$
$= 256 \times 2$
$= 512$

別の考え方：〈規則性〉
各段に並んだ数の和は、一つ前の段に並んだ数の和の 2 倍になっていることに注目すると、
10 段目に並んだ数の和 $= 2 \times 2 \times 2 \times 2 \times 2 \times 2 \times 2 \times 2 \times 2$
$= 512$、と求めることもできる。

このように、両端は 1 、両端以外は左上と右上を足した数、というルールで数を並べた三角形を、パスカルの三角形という。

 **512**

2点の移動

15台のゴンドラが等間隔に並んだ観覧車が、一定速度で時計回りに動いている。

一番下で乗り降りし、一周9分で戻ってくる。

友人家族が乗った後、自分は別のゴンドラに乗り、その間には2台のゴンドラがあった。

自分のゴンドラが、友人家族のゴンドラの真上にくるのは、自分が乗ってから何分何秒後か？

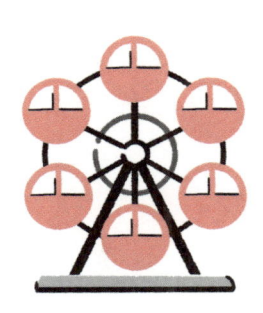

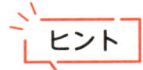

まず、自分は友人家族が乗ってから何分何秒後に乗ったか、求めよう。

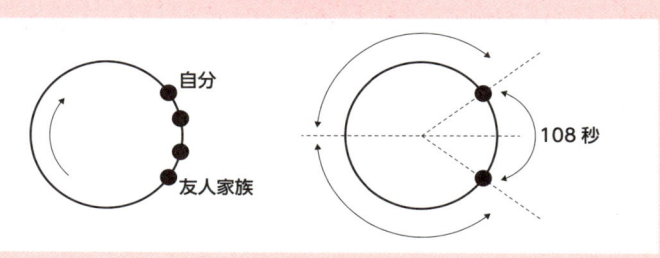

観覧車は一周9分＝540秒なので、

ゴンドラの間隔は、540秒÷15台＝36秒である。

自分と友人家族の間には2台あり、自分は友人家族の3組後ろで

あることから、

自分は友人家族より36秒×3＝108秒後に乗った。

自分が真上にくるとき、一周9分＝540秒から108秒を引いた

残りを2等分すると、

(540秒－108秒)÷2＝432秒÷2＝216秒。

自分が $\frac{1}{4}$ 周＝540秒× $\frac{1}{4}$ ＝135秒乗ってから、さらに216

秒乗ると、自分が真上にくる。

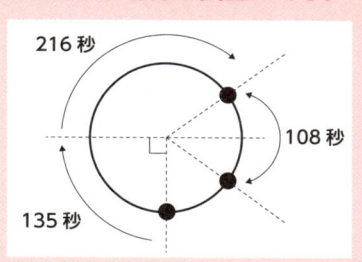

135秒＋216秒＝351秒＝60×5分＋51秒＝5分51秒。

 **答え**　　**5分51秒**

条件整理

始発のバス停で、12 人が乗って出発した。

次のバス停 A で、2 人が降りて、6 人が乗った。

次のバス停 B で、7 人が降りて、何人か乗った。

終点のバス停で、全員が降りた。

バス停 A から終点まで乗ったのは 3 人だった。

始発から終点まで乗ったのは何人か？

どこで何人乗って、どこで何人降りたか、情報を整理して一目で
わかるように図を書こう。

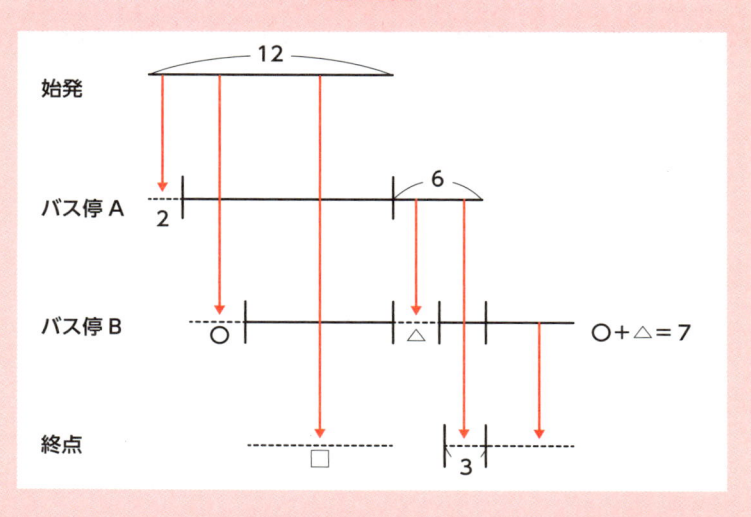

△＋3＝6より、△＝6－3＝3
○＋△＝7より、○＝7－△＝7－3＝4
□＝12－2－○＝12－2－4＝6
始発から終点まで乗ったのは6人だとわかる。

 答え | 6人

継子立て（継子算）

まま こ だ　　　　まま こ ざん

> **算数クイズ**

ひらがな 1 文字が書かれたカードを、上から「あいうえお」順になるように「あ」から「も」まで 35 枚重ねてカードの山を作った。

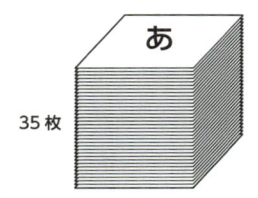

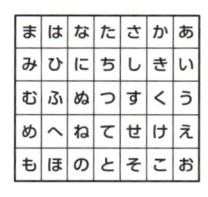

35枚

一番上にある「あ」のカードを捨て、次の「い」のカードを山の一番下に入れる。続いて一番上にある「う」のカードを捨て、次の「え」のカードを山の一番下に入れる、というように、34 枚捨てて 1 枚だけ残るまで繰り返す。最後に残る 1 枚のカードに書かれたひらがなは何か？

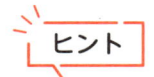

カードが 2 枚、4 枚、8 枚・・・の場合など数を減らし、簡単なケースで試してみて、規則性を見つけよう。

上から1、2、・・・と重ねた数字のカードにおきかえて考える。
1〜2のカード2枚の場合：1を捨てると、「2」が残る。
1〜4のカード4枚の場合：奇数を捨てると、残り2枚「2、4」になり、一番下の数4が残る。
1〜8のカード8枚の場合：奇数を捨てると、残り4枚「2、4、6、8」になり、一番下の数8が残る。
1〜16のカード16枚の場合：奇数を捨てると、残り8枚「2、4…14、16」になり、一番下の数16が残る。
1〜32のカード32枚の場合：奇数を捨てると、残り16枚「2、4…30、32」になり、一番下の数32が残る。
⇒ポイント：最初の枚数が32のとき、一番下の数が最後に残る。

1〜35のカードの場合：ポイントを活用するために、32枚になったときの状況を考える。まず奇数1、3、5を捨てると、残り32枚「7、8、9・・・33、34、35、2、4、6」になる。
これは最初に上から「7、8、9・・・33、34、35、2、4、6」の32枚で始めたのと同じ結果になるので、ポイントより、一番下の数6が最後に残る。

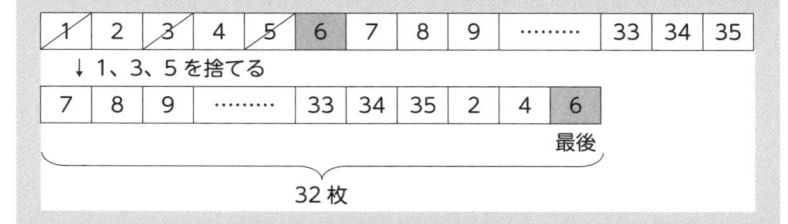

したがって、最後に残るのは、6番目のひらがな「か」である。

最初の枚数が2をかけ合わせた数（2、4、8、16、32…）のとき、一番下の数が最後に残る。
35枚から3枚捨てて32枚になったとき一番下の数が最後に残

るはずで、１〜３番目の奇数を捨てると一番下にくる数は３番目の偶数であると考えれば、（35 − 32）× 2 ＝ 6、とすぐ求まる。このように、円状に並べた数をルールにしたがって除いていき、最後に残る数を当てる考え方を、継子立て（継子算）という。

　か

著者略歴

1985年、東京都に生まれる。女子学院高等学校を卒業。東京大学薬学部を卒業後、東京大学大学院薬学系研究科博士課程を修了。薬学博士、薬剤師。東邦大学薬学部講師。自身は子育てに奮闘中。東大への道は中学受験から始まり、特に算数で養った思考力は大人になっても役立つと感じた経験から、小学生時代に学ぶ算数の大切さを実感、本書の執筆にいたる。

著書には『現役東大生プロデュース 脳をシゲキする算数ドリル』（ダイヤモンド社）、『東大姉妹の合格勉強術　私たちこれで東大に入りました。』（集英社）、『王様のくすり図鑑』『王子様のくすり図鑑』『皇帝の漢方薬図鑑』（以上、じほう）、『東大卒ママの親子で楽しむ　ぬり絵算数』（さくら舎）などがある。

東大卒ママの 3分算数
── 子どもが挑戦　大人も楽しむ文章題

2024年12月7日　第1刷発行

著者	木村美紀
発行者	古屋信吾
発行所	株式会社さくら舎　http://www.sakurasha.com
	〒102-0071　東京都千代田区富士見1-2-11
	電話（営業）03-5211-6533
	（編集）03-5211-6480
	FAX　03-5211-6481　振替　00190-8-402060
装丁	アルビレオ
本文イラスト	森崎達也（株式会社ウエイド）
本文DTP	田村浩子（株式会社ウエイド）
印刷	株式会社新藤慶昌堂
製本	若林製本工場

©2024 Kimura Miki Printed in Japan
ISBN978-4-86581-446-0